DIE LEISTUNG DES BAOFENG-RADIOS FREISCHALTEN

Ein Leitfaden zur Guerilla-Kommunikation für Überleben und Vorbereitung

LOGAN CALEB TYLER

Copyright © 2024 von LOGAN CALEB TYLER
Alle Rechte vorbehalten. Kein Teil dieser Veröffentlichung darf ohne die vorherige schriftliche Genehmigung des Herausgebers in irgendeiner Form oder mit irgendwelchen Mitteln, einschließlich Fotokopie, Aufzeichnung oder anderen elektronischen oder mechanischen Methoden, reproduziert, verbreitet oder übertragen werden, außer im Falle kurzer Zitate in kritischen Rezensionen und bestimmten anderen nichtkommerziellen Nutzungen, die durch das Urheberrecht zulässig sind.

Inhaltsverzeichnis

Inhaltsverzeichnis	2
EINFÜHRUNG	1
Die Bedeutung der Kommunikation in Überlebenssituationen verstehen	1
KAPITEL 1	11
Erste Schritte mit Baofeng-Radios	11
Wählen Sie das richtige Baofeng-Modell für Ihre Bedürfnisse	11
Wesentliche Komponenten und Zubehör	18
Einrichten Ihres Baofeng-Radios: Ersteinrichtung und Konfiguration	26
KAPITEL 2	35
Grundlagen des Baofeng-Funkbetriebs	35
Machen Sie sich mit Baofeng-Funksteuerungen vertraut	35
Frequenzbänder und Kanäle verstehen	44
Durchführen grundlegender Vorgänge	52
KAPITEL 3	61
Beherrschung der Baofeng-Radioprogrammierung	61
Baofeng-Radios manuell programmieren	61
Verwendung von Software für fortgeschrittene Programmierung	69
Speichern und Organisieren von Kanälen und Frequenzen	77
KAPITEL 4	85
Effektive Antennennutzung	85
Auswahl und Installation der richtigen Antenne	85

Antennenwartung und Fehlerbehebung 92
Verbesserung der Übertragungsreichweite und Signalstärke 100

KAPITEL 5 111

Erweiterte Baofeng-Radiofunktionen 111

Erkundung von VOX (sprachaktivierte Übertragung) 111

Verwendung der Modi „Dual Watch" und „Dual Reception". 119

Nutzung von CTCSS und DCS für Datenschutz und Gruppenkommunikation 128

KAPITEL 6 137

Praktische Anwendungen in Überlebensszenarien 137

Kommunikationspläne erstellen und umsetzen 137

Kommunikation bei schlechten Sichtverhältnissen und widrigen Bedingungen 146

Integration von Baofeng-Funkgeräten in Notfallkoffer und Notfalltaschen 156

KAPITEL 7 167

Rechtliche und regulatorische Überlegungen 167

Verständnis der FCC-Bestimmungen für Baofeng-Funkbetreiber 167

Lizenzanforderungen und -verfahren 175

Gewährleistung von Compliance und verantwortungsvoller Funknutzung 183

KAPITEL 8 193

Fehlerbehebung und Wartung 193

Häufige Probleme und Lösungen 193

Durchführen routinemäßiger Wartungsprüfungen	201
Verlängern Sie die Lebensdauer Ihres Baofeng-Radios	209
KAPITEL 9	**219**
Praktische Übungen und Übungen	**219**
Simulation von Notfallsituationen für die Praxis	219
Durchführung von Reichweitentests und Signalprüfungen	228
Teamkoordinations- und Kommunikationsübungen	238
KAPITEL 10	**249**
Über die Grundlagen hinaus: Fortgeschrittene Techniken und Ressourcen	**249**
Verwendung von Cross-Band-Repeatern und APRS	249
Erkundung digitaler Modi und Paketfunk	257
ABSCHLUSS	**267**

EINFÜHRUNG

Die Bedeutung der Kommunikation in Überlebenssituationen verstehen

Kommunikation ist in Notfällen und Überlebenssituationen von entscheidender Bedeutung. Ganz gleich, ob Sie sich in der Wildnis befinden, mit einer Naturkatastrophe konfrontiert sind oder mit einer Krise zu kämpfen haben: Die Fähigkeit, Informationen schnell und zuverlässig zu senden und zu empfangen, kann einen erheblichen Unterschied machen. Stellen Sie sich zum Beispiel vor, Sie verirren sich in einem dichten Wald. Eine Möglichkeit zu haben, Ihren Standort den Rettungsteams mitzuteilen, könnte den Unterschied zwischen einer schnellen Entdeckung und dem tagelangen Versuch, alleine zu überleben, ausmachen. Ebenso kann es nach einem Erdbeben, wenn herkömmliche Kommunikationsnetze ausfallen, eine zuverlässige Möglichkeit zur

Kontaktaufnahme mit Familienmitgliedern, Freunden oder Rettungsdiensten im wahrsten Sinne des Wortes lebensrettend sein. Diese Szenarien verdeutlichen, wie wichtig Kommunikation für die Aufrechterhaltung der Sicherheit und die Koordinierung von Rettungsmaßnahmen ist.

Baofeng-Radios sind aus mehreren Gründen besonders bei Überlebenskünstlern und Enthusiasten der Notfallvorsorge beliebt. Diese Handfunkgeräte, oft Amateurfunkgeräte genannt, sind für ihre Vielseitigkeit, Erschwinglichkeit und Benutzerfreundlichkeit bekannt. Eine der attraktivsten Eigenschaften von Baofeng-Radios ist ihre Fähigkeit, in einem breiten Frequenzbereich zu arbeiten. Diese Flexibilität ermöglicht Benutzern die Kommunikation auf verschiedenen Kanälen und stellt so sicher, dass sie auch dann eine klare Kommunikationsverbindung finden, wenn bestimmte Frequenzen überlastet sind.

Darüber hinaus sind Baofeng-Funkgeräte mit Dualband-Funktionen ausgestattet, was bedeutet, dass sie sowohl im VHF-Band (Very High Frequency) als auch im UHF-Band (Ultra High Frequency) senden und empfangen können. VHF eignet sich hervorragend für offene Bereiche mit wenig Hindernissen und ist daher ideal für den Einsatz im Freien, während UHF besser für städtische Umgebungen geeignet ist, in denen Gebäude und andere Strukturen Signale blockieren könnten. Diese Dualband-Funktionalität stellt sicher, dass Benutzer die Kommunikation in einer Vielzahl von Umgebungen aufrechterhalten können, von weiten, offenen Flächen bis hin zu dicht besiedelten Städten.

Ein weiteres wichtiges Merkmal von Baofeng-Radios ist ihre Programmierbarkeit. Benutzer können Frequenzen manuell eingeben und Kanäle entsprechend ihren Anforderungen speichern. Diese Anpassung ermöglicht den schnellen Zugriff auf wichtige Frequenzen, unabhängig davon, ob es sich um einen lokalen Notdienstkanal, eine Wetterübertragung oder einen bestimmten Familienkommunikationskanal handelt. Viele Baofeng-Modelle unterstützen auch die Softwareprogrammierung, wodurch es noch einfacher wird, Kanäle mithilfe eines Computers zu konfigurieren und zu organisieren.

Die Batterielebensdauer ist ein weiterer entscheidender Faktor bei der Auswahl eines Kommunikationsgeräts für Überlebenssituationen. Baofeng-Radios bieten in der Regel eine langlebige Batterieleistung, sodass sie über einen längeren Zeitraum betriebsbereit bleiben. Darüber hinaus unterstützen die meisten Modelle mehrere Stromquellen, darunter wiederaufladbare Batterien, AA- oder AAA-Batterien und sogar Autobatterieadapter. Diese Vielseitigkeit bei den Energieoptionen bedeutet, dass Benutzer ihre Radios auch in Situationen aufgeladen und betriebsbereit halten können, in denen kein Strom verfügbar ist.

Haltbarkeit und Tragbarkeit sind für jede Überlebensausrüstung von entscheidender Bedeutung, und auch in diesen Bereichen zeichnen sich Baofeng-Funkgeräte aus. Diese Funkgeräte sind darauf ausgelegt, rauen Bedingungen standzuhalten. Viele Modelle verfügen über wasserabweisende oder wasserdichte Gehäuse, eine robuste Konstruktion und ein kompaktes Design, das problemlos in Rucksäcke oder Taschen passt. Ihr geringes Gewicht sorgt dafür, dass sie ohne nennenswerte Belastung getragen werden können, was sie zur idealen Wahl für alle macht, die in Notfällen mobil bleiben müssen.

Ein Merkmal, das Baofeng-Radios auszeichnet, ist die integrierte Taschenlampe einiger Modelle. Dies mag wie eine kleine Ergänzung erscheinen, aber in Überlebenssituationen kann eine zuverlässige Lichtquelle unglaublich nützlich sein. Ganz gleich, ob Sie Hilfe rufen, im Dunkeln navigieren oder Aufgaben bei eingeschränkter Sicht ausführen müssen – die integrierte Taschenlampe erweitert das Gerät um eine weitere Funktionsebene.

Baofeng-Radios unterstützen auch die Verwendung von externem Zubehör, wie z. B. verlängerten Antennen für einen besseren Signalempfang, Lautsprechermikrofonen für den Freisprechbetrieb und verschiedenen Montagemöglichkeiten für Fahrzeuge oder den Heimgebrauch. Dieses Zubehör erweitert die Fähigkeiten der Funkgeräte und stellt sicher, dass Benutzer ihre Kommunikationseinrichtung an ihre spezifischen Bedürfnisse anpassen können.

Bei der Kommunikation in Notfällen geht es nicht nur darum, in Kontakt zu bleiben. Es geht auch darum, wichtige Informationen zu erhalten. Baofeng-Radios können Wetterübertragungen, Notfallwarnungen und andere wichtige Updates empfangen und so die Benutzer über sich entwickelnde Situationen auf dem Laufenden halten. Dieser Zugriff auf Echtzeitinformationen ist entscheidend für fundierte Entscheidungen, sei es, den sichersten Weg aus einer Gefahrenzone zu finden oder zu wissen, wann sich ein Sturm nähert.

Die Beliebtheit von Baofeng-Radios bei Überlebenskünstlern ist auch auf ihre Erschwinglichkeit zurückzuführen. Im Vergleich zu anderen Kommunikationsgeräten mit ähnlichen Fähigkeiten bieten Baofeng-Funkgeräte eine kostengünstige Lösung, ohne Kompromisse bei wesentlichen Funktionen einzugehen. Diese Erschwinglichkeit bedeutet, dass sich mehr Menschen mit zuverlässigen Kommunikationsmitteln ausstatten können, was die allgemeine Vorbereitung in den Gemeinden verbessert.

Für Neulinge in der Funkkommunikation sind Baofeng-Funkgeräte benutzerfreundlich und verfügen über eine Reihe von Ressourcen, die den Benutzern den Einstieg erleichtern. Es gibt zahlreiche Online-Tutorials, Benutzerhandbücher und Community-Foren, in denen Benutzer mehr über die Programmierung, den Betrieb und die Wartung ihrer Radios erfahren können. Diese Fülle an Informationen sorgt dafür, dass sich auch Einsteiger schnell mit dem Umgang mit ihren Geräten vertraut machen können.

Die entscheidende Rolle der Kommunikation in Überlebenssituationen kann nicht genug betont werden. Egal, ob Sie durch die Wildnis navigieren, eine Naturkatastrophe bewältigen oder sich auf eine unvorhergesehene Krise vorbereiten, ein zuverlässiges Kommunikationsgerät ist unerlässlich. Baofeng-Radios bieten eine vielseitige, erschwingliche und benutzerfreundliche Option, die sowohl den Bedürfnissen von Anfängern als auch erfahrenen Benutzern gerecht wird. Ihre vielfältigen Funktionen, darunter Dualband-Fähigkeiten, programmierbare Kanäle, lange Akkulaufzeit, Haltbarkeit und die Möglichkeit, wichtige Sendungen zu empfangen, machen sie zu einem unschätzbar wertvollen Werkzeug für alle, die ihre

Notfallvorsorge verbessern möchten. Indem Sie sich mit einem Baofeng-Radio ausstatten, machen Sie einen wichtigen Schritt zur Gewährleistung Ihrer Sicherheit und der Sicherheit Ihrer Lieben in jedem Überlebensszenario.

KAPITEL 1

Erste Schritte mit Baofeng-Radios

Wählen Sie das richtige Baofeng-Modell für Ihre Bedürfnisse

Die Wahl des richtigen Baofeng-Funkmodells ist ein wichtiger Schritt, um sicherzustellen, dass Sie das beste Kommunikationstool für Ihre Bedürfnisse haben. Da es verschiedene Modelle gibt, die jeweils unterschiedliche Funktionen bieten, ist es wichtig zu verstehen, was jedes Modell leisten kann und wie es in verschiedene Szenarien passt.

Überlegen Sie bei der Auswahl eines Baofeng-Radios, wofür Sie es verwenden möchten. Wenn Sie Ihr Radio für Outdoor-Aktivitäten wie

Wandern oder Camping nutzen möchten, benötigen Sie ein Modell, das langlebig ist und über eine lange Akkulaufzeit verfügt. Der Baofeng UV-5R ist eine beliebte Wahl für Outdoor-Enthusiasten. Es ist robust, kompakt und hat eine gute Akkulaufzeit, was es im Feldeinsatz zuverlässig macht. Aufgrund seiner Dualband-Fähigkeit kann es sowohl auf VHF- als auch auf UHF-Frequenzen betrieben werden und ermöglicht so eine flexible Kommunikation je nach Umgebung.

Für diejenigen, die an Notfallvorsorge interessiert sind, könnte ein Modell wie der Baofeng BF-F8HP besser geeignet sein. Dieses Modell ist ein Upgrade des UV-5R und bietet mehr Leistung, was sich in einer größeren Reichweite niederschlägt. In Notfällen kann die Fähigkeit zur Kommunikation über größere Distanzen entscheidend sein. Der BF-F8HP verfügt außerdem über einen robusteren Akku, der dafür sorgt, dass er zwischen den Ladevorgängen länger durchhält. Dies ist besonders wichtig in Situationen, in denen die Stromquellen knapp sein könnten.

Wenn Sie neu im Umgang mit Radios sind und etwas Unkompliziertes wollen, ist das Baofeng UV-82 eine großartige Option. Es ist für seine Benutzerfreundlichkeit und Zuverlässigkeit bekannt. Der UV-82 verfügt über einen größeren Lautsprecher, der einen klaren und lauten Klang liefert, was in lauten Umgebungen von Vorteil ist. Darüber hinaus verfügt es über eine benutzerfreundlichere Oberfläche, die Anfängern den Einstieg erleichtert. Seine robuste Bauweise und die gute Akkulaufzeit machen es zu einer guten Wahl für den täglichen Gebrauch und für Notfälle.

Für diejenigen, die ihr Baofeng-Radio in einer städtischen Umgebung verwenden möchten, wo Gebäude und andere Strukturen die Signale stören können, ist das Baofeng UV-5X3 möglicherweise die beste Wahl. Dieses Modell unterstützt Tri-Band-Frequenzen, einschließlich des

1,25-Meter-Bandes, das in städtischen Umgebungen weniger überfüllt und zuverlässiger sein kann. Der UV-5X3 bietet außerdem erweiterte Funktionen wie die Möglichkeit, drei Bänder gleichzeitig zu überwachen, was es einfacher macht, auf mehreren Kanälen in Verbindung zu bleiben.

Eine weitere wichtige Überlegung ist, ob Sie zusätzliche Funktionen wie eine eingebaute Taschenlampe oder einen Notfallalarm benötigen. Der Baofeng UV-5RE ähnelt dem UV-5R, verfügt jedoch über diese zusätzlichen Funktionen. Die Taschenlampe kann in Situationen mit schlechten Lichtverhältnissen sehr praktisch sein und der Notfallalarm kann verwendet werden, um Aufmerksamkeit zu erregen, wenn Sie sich in einer gefährlichen Situation befinden.

Die Batterielebensdauer ist ein entscheidender Faktor bei der Auswahl eines Baofeng-Radios. Verschiedene Modelle verfügen über unterschiedliche Akkukapazitäten und einige bieten die Möglichkeit, erweiterte Akkus zu verwenden. Beispielsweise verfügt der Baofeng UV-5REX über eine Akkuoption mit hoher Kapazität, die eine längere Nutzungsdauer ermöglicht. Wenn Sie mit Situationen rechnen, in denen das Aufladen des Akkus eine Herausforderung darstellen könnte, kann die Entscheidung für ein Modell mit einem größeren Akku oder der Möglichkeit, alternative Energiequellen wie AA-Batterien zu verwenden, von Vorteil sein.

Haltbarkeit ist ein weiterer wichtiger Aspekt, den es zu berücksichtigen gilt. Funkgeräte, die im Freien oder in rauen Umgebungen eingesetzt werden, müssen Stürzen, Wasser und Staub standhalten. Modelle wie der Baofeng GT-3WP sind wasserdicht und daher besser für nasse Bedingungen geeignet. Der GT-3WP ist auch für den rauen Einsatz konzipiert und somit eine zuverlässige Wahl für rauere Abenteuer.

Auch Programmierfähigkeiten können Ihre Wahl beeinflussen. Einige Baofeng-Funkgeräte können manuell über die Tastatur programmiert werden, während für andere möglicherweise Software für komplexere Einstellungen erforderlich ist. Der Baofeng UV-5R beispielsweise ermöglicht eine manuelle Programmierung, kann aber auch mit Software wie CHIRP programmiert werden, was den Prozess vereinfacht und mehr Anpassungsmöglichkeiten bietet.

Berücksichtigen Sie den für jedes Modell verfügbaren Support und das Zubehör. Einige Radios verfügen über eine größere Auswahl an kompatiblem Zubehör, wie z. B. verlängerte Antennen, Lautsprechermikrofone und Akkus. Für den Baofeng BF-F8HP ist beispielsweise eine große Auswahl an Zubehör erhältlich, sodass Sie Ihr Setup noch besser an Ihre Bedürfnisse anpassen können.

Bei der Auswahl eines Baofeng-Radios ist es auch hilfreich, sich die Benutzerbewertungen und das

Community-Feedback anzusehen. Viele Benutzer teilen ihre Erfahrungen online und geben Einblicke in die Leistung und Zuverlässigkeit verschiedener Modelle. Der Beitritt zu Online-Foren oder Gruppen für Radiobegeisterte kann eine gute Möglichkeit sein, Empfehlungen und Tipps von erfahrenen Benutzern zu erhalten.

Der Preis ist immer eine Überlegung. Baofeng-Radios sind für ihre Erschwinglichkeit bekannt, die Preise können jedoch je nach Modell variieren. Obwohl es verlockend ist, sich für die günstigste Option zu entscheiden, ist es wichtig, die Kosten mit den Funktionen und der Zuverlässigkeit in Einklang zu bringen. Etwas mehr Geld für ein Modell auszugeben, das Ihren Bedürfnissen besser entspricht, kann sich lohnen, insbesondere in Notsituationen, in denen eine zuverlässige Kommunikation von entscheidender Bedeutung ist.

Um das richtige Baofeng-Radio auszuwählen, müssen Sie Ihre spezifischen Bedürfnisse bewerten und die Funktionen verschiedener Modelle vergleichen. Egal, ob Sie ein einfaches, benutzerfreundliches Radio für den gelegentlichen Gebrauch, ein robustes Modell für Outdoor-Abenteuer oder ein leistungsstarkes Gerät für die Notfallvorsorge benötigen, es gibt ein Baofeng-Radio, das genau Ihren Anforderungen entspricht. Wenn Sie die Fähigkeiten und Vorteile jedes Modells verstehen, können Sie eine fundierte Entscheidung treffen, die sicherstellt, dass Sie für jede Situation das beste Kommunikationstool haben.

Wesentliche Komponenten und Zubehör

Für jeden, der das Beste aus seinem Gerät herausholen möchte, ist es wichtig, die wesentlichen Komponenten und Zubehörteile eines Baofeng-Radios zu verstehen. Dieses Zubehör steigert nicht nur die Leistung Ihres Radios, sondern macht es auch vielseitiger und bequemer für den Einsatz in verschiedenen Situationen.

Eine der kritischsten Komponenten eines Baofeng-Radios ist die Antenne. Die im Lieferumfang des Radios enthaltene Standardantenne ist funktionsfähig, ein Upgrade auf eine bessere Antenne kann jedoch die Reichweite und Signalqualität Ihres Radios erheblich verbessern. Eine längere oder leistungsstarke Antenne, oft auch „Gummi-Enten"-Antenne genannt, kann Ihre Fähigkeit verbessern, Signale über größere Entfernungen zu senden und zu empfangen. Dies ist besonders wichtig in Gebieten mit vielen Hindernissen wie Gebäuden oder dichten Wäldern. Einige Benutzer entscheiden sich für eine noch bessere Leistung auch für eine Teleskop- oder flexible Peitschenantenne.

Eine weitere wichtige Komponente ist die Batterie. Baofeng-Radios werden normalerweise mit einem wiederaufladbaren Lithium-Ionen-Akku geliefert, der für gute Leistung und Langlebigkeit sorgt. Allerdings kann der Besitz eines oder zweier zusätzlicher Akkus bei längerem Einsatz lebensrettend sein. Einige Benutzer bevorzugen Langzeitbatterien, die eine höhere Kapazität haben und länger halten als die Standardbatterien. Darüber hinaus gibt es Batterie-Eliminatoren, mit denen Sie Ihr Radio direkt über eine Autobatterie mit Strom versorgen können, was es praktisch für lange Reisen oder den Notfalleinsatz macht, wenn andere Stromquellen nicht verfügbar sind.

Um Ihr Baofeng-Radio betriebsbereit zu halten, ist ein Ladegerät unerlässlich. Die meisten Radios werden mit einem Tischladegerät geliefert, das das Radio während des Ladevorgangs hält. Es ist sinnvoll, über zusätzliche Lademöglichkeiten zu verfügen, beispielsweise über ein USB-Ladekabel, das mit Powerbanks, Solarladegeräten oder anderen USB-Stromquellen verwendet werden kann. Diese Flexibilität stellt sicher, dass Sie Ihr Radio auch dann aufladen können, wenn herkömmliche Stromquellen nicht verfügbar sind.

Ein Lautsprechermikrofon oder „Lautsprechermikrofon" ist ein weiteres nützliches Zubehör. Dieses Gerät wird an Ihrer Kleidung befestigt, sodass Sie sprechen und hören können, ohne das Radio in der Hand halten zu müssen. Dies ist besonders hilfreich, wenn Sie Ihre Hände für andere Aufgaben wie Wandern, Autofahren oder Arbeiten frei haben müssen. Das Lautsprechermikrofon sorgt häufig auch für einen klareren Ton und erleichtert so die Kommunikation in lauten Umgebungen.

Headsets und Ohrhörer sind ebenfalls wichtige Accessoires, insbesondere wenn Sie diskret kommunizieren müssen. Diese Geräte passen in Ihr Ohr und ermöglichen es Ihnen, Nachrichten zu hören, ohne sie an alle um Sie herum zu übertragen. Dies ist besonders nützlich in überfüllten oder sensiblen Umgebungen, in denen Privatsphäre von entscheidender Bedeutung ist. Einige Headsets verfügen über integrierte Mikrofone, sodass Sie freihändig sprechen können, was praktisch ist, wenn

Sie sich bewegen oder mehrere Aufgaben gleichzeitig erledigen müssen.

Programmierkabel sind unerlässlich für alle, die ihre Baofeng-Radios individuell anpassen möchten. Diese Kabel verbinden das Radio mit einem Computer und ermöglichen Ihnen die Programmierung von Frequenzen, Kanälen und anderen Einstellungen mithilfe von Software wie CHIRP. Dies kann im Vergleich zur manuellen Programmierung viel Zeit sparen und ermöglicht erweiterte Konfigurationen. Es ist ein großartiges Tool für diejenigen, die mehrere Radios mit denselben Einstellungen einrichten müssen oder die vollen Funktionen ihres Geräts erkunden möchten.

Tragetaschen oder Taschen sind nützlich, um Ihr Baofeng-Radio zu schützen und Ihr gesamtes Zubehör organisiert aufzubewahren. Diese Koffer verfügen oft über Fächer für das Radio, Batterien, Antennen und andere Kleinteile, sodass alles an einem Ort ist und leicht transportiert werden kann.

Eine gute Tragetasche kann auch Schutz vor Witterungseinflüssen bieten, was wichtig ist, wenn Sie Ihr Radio in rauen Umgebungen oder im Freien verwenden.

Ein Gürtelclip ist ein einfaches, aber praktisches Zubehörteil, mit dem Sie Ihr Radio am Gürtel befestigen und so sicher und leicht zugänglich aufbewahren können. Dies ist besonders nützlich bei Outdoor-Aktivitäten oder Arbeitssituationen, in denen Sie sich viel bewegen müssen. So haben Sie die Hände frei und stellen gleichzeitig sicher, dass Ihr Radio immer in Reichweite ist.

Externe Antennen, wie z. B. Mobilfunk- oder Basisstationsantennen, können die Leistung Ihres Baofeng-Radios erheblich steigern. Diese Antennen sind für die Montage an Fahrzeugen oder festen Standorten konzipiert und bieten eine viel größere Reichweite und Signalqualität als Handantennen. Sie sind besonders nützlich für diejenigen, die ihre Funkgeräte in Fahrzeugen verwenden oder eine zuverlässige Kommunikation über große Entfernungen benötigen.

Ein SMA-Stecker (SubMiniaturversion A) ist ein weiteres wichtiges Zubehör. Damit können Sie Ihr Baofeng-Radio an verschiedene Arten von Antennen und anderen Geräten anschließen. Dieser Steckertyp ist bei den meisten Baofeng-Radios Standard, aber Adapter für verschiedene Steckertypen können die Kompatibilität Ihres Radios mit einer größeren Auswahl an Zubehör erweitern.

Schließlich kann ein Handbuch oder Ratgeber insbesondere für Anfänger ein unschätzbares Hilfsmittel sein. Diese Bücher enthalten detaillierte Anweisungen zur Verwendung, Programmierung und Wartung Ihres Baofeng-Radios. Sie können Ihnen auch Tipps und Tricks geben, wie Sie Ihr Gerät optimal nutzen und häufige Probleme beheben können. Viele Benutzer finden diese Leitfäden hilfreich, um erweiterte Funktionen zu erlernen und die technischen Aspekte der Funkkommunikation zu verstehen.

Wenn Sie die wesentlichen Komponenten und Zubehörteile Ihres Baofeng-Radios verstehen und verwenden, können Sie dessen Leistung und Vielseitigkeit erheblich steigern. Antennen verbessern die Reichweite und Signalqualität, Batterien und Ladegeräte sorgen dafür, dass Ihr Funkgerät mit Strom versorgt wird, und Lautsprechermikrofone und Headsets ermöglichen eine freihändige Kommunikation. Programmierkabel erleichtern die individuelle Anpassung, Tragetaschen sorgen für Ordnung und externe Antennen sorgen für eine größere Reichweite. SMA-Stecker sorgen für Kompatibilität und Ratgeber bieten wertvolle Informationen. Indem Sie sich mit diesem Zubehör ausstatten, können Sie sicherstellen, dass Ihr Baofeng-Radio für jede Situation gerüstet ist, was es zu einem unschätzbar wertvollen Werkzeug für Kommunikation und Vorbereitung macht.

Einrichten Ihres Baofeng-Radios: Ersteinrichtung und Konfiguration

Das erstmalige Einrichten Ihres Baofeng-Radios mag etwas überwältigend erscheinen, aber mit einer klaren Schritt-für-Schritt-Anleitung wird es ganz einfach. Das Ziel besteht darin, sicherzustellen, dass Ihr Funkgerät ordnungsgemäß konfiguriert und einsatzbereit ist, sei es für gelegentliche Kommunikation, Outdoor-Aktivitäten oder Notfallsituationen. Hier erfahren Sie, wie Sie beginnen.

Packen Sie zunächst Ihr Baofeng-Radio aus und identifizieren Sie alle Komponenten. Typischerweise finden Sie das Funkgerät, eine Antenne, einen Akku, ein Ladegerät und einen Gürtelclip. Befestigen Sie zunächst die Antenne oben am Radio. Stellen Sie sicher, dass es fest verschraubt ist, um lose Verbindungen zu vermeiden, die die Leistung beeinträchtigen könnten.

Als nächstes legen Sie den Akku ein. Richten Sie den Akku an der Rückseite des Radios aus und schieben Sie ihn hinein, bis er einrastet. Wenn der Akku nicht aufgeladen ist, legen Sie das Radio in das Tischladegerät und schließen Sie es an eine Steckdose an. Die LED-Anzeige am Ladegerät leuchtet während des Ladevorgangs rot und bei voller Ladung grün. Es ist wichtig, mit einem vollständig aufgeladenen Akku zu beginnen, um eine maximale Betriebszeit zu gewährleisten.

Schalten Sie das Radio ein, indem Sie den Knopf oben rechts drehen. Sie hören eine Sprachansage oder sehen, wie der Bildschirm aufleuchtet, um anzuzeigen, dass das Radio eingeschaltet ist. Passen Sie die Lautstärke an, indem Sie denselben Knopf drehen. Wenn Sie eine angenehme Lautstärke finden, können Sie die Kommunikation klar und deutlich hören, ohne zu laut zu sein.

Jetzt ist es an der Zeit, die Grundkonfigurationen festzulegen. Beginnen Sie mit der Auswahl der bevorzugten Sprache. Drücken Sie die „Menü"-Taste, um auf die Einstellungen zuzugreifen. Scrollen Sie mit den Pfeiltasten durch die Menüoptionen, bis Sie die Spracheinstellung finden. Drücken Sie erneut „Menü", um es auszuwählen, und wählen Sie dann mit den Pfeiltasten Ihre Sprache aus. Drücken Sie zur Bestätigung noch einmal „Menü" und dann die Taste „Beenden", um zum Hauptbildschirm zurückzukehren.

Das Einstellen des Frequenzmodus ist der nächste Schritt. Baofeng-Funkgeräte verfügen normalerweise über zwei Modi: Frequenzmodus (VFO) und Kanalmodus (MR). Im Frequenzmodus können Sie Frequenzen manuell eingeben, während im Kanalmodus vorprogrammierte Kanäle verwendet werden. Um zwischen diesen Modi zu wechseln, drücken Sie die Taste „VFO/MR". Bei der Ersteinrichtung ist es oft einfacher, mit dem

Frequenzmodus zu beginnen, um Frequenzen manuell einzugeben und zu testen.

Die Eingabe von Frequenzen ist einfach. Geben Sie über die Tastatur die gewünschte Frequenz ein. Wenn Sie beispielsweise die Frequenz auf 146,520 MHz einstellen möchten, drücken Sie einfach die entsprechenden Ziffern auf der Tastatur. Mit dieser Funktion können Sie sich schnell auf bestimmte Frequenzen einstellen, die Sie überwachen oder auf denen Sie kommunizieren möchten.

Die Konfiguration des Squelch-Pegels ist wichtig, um Hintergrundgeräusche zu reduzieren. Squelch fungiert als Tor und ermöglicht das Hören von Signalen ab einer bestimmten Stärke. Drücken Sie „Menü", navigieren Sie zur Squelch-Einstellung (SQL) und drücken Sie erneut „Menü". Verwenden Sie die Pfeiltasten, um den Pegel anzupassen. Eine niedrigere Zahl macht die Rauschsperre empfindlicher, während eine höhere Zahl die

Empfindlichkeit verringert. Ein Wert von etwa 3–5 ist ein guter Ausgangspunkt.

Als nächstes stellen Sie den Sendeleistungspegel ein. Baofeng-Radios verfügen häufig über hohe und niedrige Leistungseinstellungen. Hohe Leistung erhöht die Reichweite, verbraucht aber mehr Batterie, während niedrige Leistung Batterie schont, aber eine kürzere Reichweite hat. Drücken Sie „Menü", suchen Sie die Leistungseinstellung (TXP) und drücken Sie erneut „Menü". Wählen Sie mit den Pfeiltasten zwischen hoher (H) und niedriger (L) Leistung und drücken Sie dann zur Bestätigung „Menü". Beginnen Sie für den allgemeinen Gebrauch mit niedriger Leistung und schalten Sie bei Bedarf auf hohe Leistung um.

Das Einstellen des Repeater-Offsets ist entscheidend, wenn Sie Repeater verwenden möchten, um Ihre Kommunikationsreichweite zu erweitern. Repeater sind Stationen, die Ihr Signal empfangen und mit höherer Leistung weitersenden.

Um den Offset einzustellen, drücken Sie „Menü" und navigieren Sie zur Offset-Einstellung (OFFSET). Geben Sie den Offset-Wert ein, der normalerweise 0,600 MHz für VHF und 5,000 MHz für UHF beträgt. Sie müssen außerdem die Richtung des Versatzes (positiv oder negativ) festlegen, die Sie unter der Menüoption (SFT-D) finden.

Durch die Programmierung eines Speicherkanals können Sie Frequenzen für den schnellen Zugriff speichern. Drücken Sie „Menü" und navigieren Sie zur Speicherkanaloption (MEM-CH). Wählen Sie eine leere Kanalnummer und drücken Sie dann „Menü", um die aktuelle Frequenz auf diesem Kanal zu speichern. Diese Funktion ist nützlich, um häufig verwendete Frequenzen zu speichern, sodass Sie problemlos zwischen ihnen wechseln können, ohne sie jedes Mal neu eingeben zu müssen.

Richten Sie bei Bedarf die Codes CTCSS (Continuous Tone-Coded Squelch System) oder

DCS (Digital-Coded Squelch) ein. Diese Codes werden verwendet, um unerwünschte Übertragungen herauszufiltern und sicherzustellen, dass Sie nur Kommunikationen mit dem passenden Code hören. Drücken Sie „Menü" und navigieren Sie zu den CTCSS- oder DCS-Einstellungen. Geben Sie über die Tastatur den gewünschten Code ein und bestätigen Sie mit „Menü". Dies ist besonders in überfüllten Bereichen nützlich, in denen möglicherweise viele Menschen Radios nutzen.

Nach Abschluss dieser Grundkonfigurationen sollte Ihr Baofeng-Radio betriebsbereit sein. Um Ihr Setup zu testen, versuchen Sie, Signale auf einer bekannten Frequenz zu senden und zu empfangen. Drücken Sie die Push-to-Talk-Taste (PTT), um zu senden, und lassen Sie sie los, um zuzuhören. Wenn alles richtig eingestellt ist, sollten Sie in der Lage sein, klar zu kommunizieren.

Das Einrichten Ihres Baofeng-Radios umfasst das Anbringen der Antenne und des Akkus, das Laden des Radios, das Einschalten, die Auswahl der Sprache, das Einstellen des Frequenzmodus, das Eingeben von Frequenzen, das Anpassen des Squelch-Pegels, das Einstellen der Sendeleistung, das Konfigurieren des Repeater-Offsets und das Programmieren von Speicherkanälen und Festlegen von CTCSS/DCS-Codes. Wenn Sie diese Schritte befolgen, stellen Sie sicher, dass Ihr Funkgerät korrekt konfiguriert und für eine zuverlässige Kommunikation in verschiedenen Situationen bereit ist. Wenn Sie jede Einstellung und ihren Zweck verstehen, können Sie Ihr Baofeng-Radio optimal nutzen und Ihre Fähigkeit verbessern, bei Outdoor-Abenteuern, Notfällen oder im täglichen Gebrauch in Verbindung zu bleiben.

KAPITEL 2

Grundlagen des Baofeng-Funkbetriebs

Machen Sie sich mit Baofeng-Funksteuerungen vertraut

Das Verständnis der Bedienelemente und Tasten eines Baofeng-Radios ist für eine effektive Bedienung und Kommunikation von entscheidender Bedeutung. Das für seine Vielseitigkeit und Funktionalität bekannte Baofeng-Radio verfügt über verschiedene Bedienelemente, mit denen Benutzer effizient durch seine Funktionen navigieren können. Wenn Sie sich mit diesen Bedienelementen vertraut machen, können Sie das Funkgerät besser in verschiedenen Szenarien nutzen.

Auf der Oberseite des Baofeng-Radios befinden sich mehrere Schlüsselkomponenten. Für das

Senden und Empfangen von Signalen ist die Antenne, die Sie bereits bei der Einrichtung angebracht haben, unerlässlich. Neben der Antenne befindet sich der Ein-/Aus-/Lautstärkeregler. Durch Drehen dieses Knopfes im Uhrzeigersinn wird das Radio eingeschaltet und die Lautstärke erhöht, während durch Drehen gegen den Uhrzeigersinn die Lautstärke verringert und das Radio schließlich ausgeschaltet wird. Es ist wichtig, die Lautstärke auf einen angenehmen Wert einzustellen, damit Sie Übertragungen deutlich hören können, ohne Ihre Ohren zu belasten.

Neben dem Einschalt-/Lautstärkeregler befindet sich die LED-Taschenlampentaste. Durch Drücken dieser Taste wird die integrierte Taschenlampe eingeschaltet, was bei schlechten Lichtverhältnissen praktisch sein kann. Durch Gedrückthalten der Taste wird die Strobe-Funktion aktiviert, die in Notfällen als Signal für Hilfe genutzt werden kann. Diese einfache, aber effektive Funktion erhöht den Nutzen des Funkgeräts in Überlebensszenarien.

Auf der linken Seite des Radios finden Sie drei wichtige Tasten. Die obere Taste ist die Push-to-Talk-Taste (PTT). Durch Drücken und Halten dieser Taste können Sie Ihre Stimme an andere Funkgeräte auf derselben Frequenz übertragen. Durch Loslassen der Taste schaltet das Radio wieder in den Empfangsmodus, sodass Sie eingehende Übertragungen hören können. Unterhalb der PTT-Taste befindet sich die „MONI"-Taste, die für Monitor steht. Durch Drücken dieser Taste wird die Rauschsperre geöffnet, sodass Sie alle Übertragungen auf der Frequenz hören können, einschließlich schwacher Signale, die möglicherweise durch die Rauschsperreneinstellung unterdrückt werden. Dies kann nützlich sein, um vor dem Senden festzustellen, ob eine Frequenz verwendet wird. Die dritte Taste ist die „CALL"-Taste, die einen Notfallalarm aktiviert. Dieser Alarm kann andere auf Ihren Standort aufmerksam machen oder in kritischen Situationen um Hilfe bitten.

Das an der Vorderseite des Radios angebrachte Tastenfeld ist ein herausragendes Merkmal. Die Tastatur dient zur Eingabe von Frequenzen, zur Programmierung von Kanälen und zur Navigation im Menü. Die Tasten sind mit Zahlen und Buchstaben beschriftet, ähnlich einer Telefontastatur, was eine intuitive Bedienung ermöglicht. Jede Taste hat auch eine sekundäre Funktion, die durch Drücken der „FUNC"-Taste und anschließender Betätigung der gewünschten Taste aktiviert wird. Wenn Sie beispielsweise „FUNC" und dann „1" drücken, wird möglicherweise eine bestimmte Funktion oder Einstellung aktiviert.

Die „A/B"-Taste oberhalb der Tastatur schaltet zwischen den beiden angezeigten Frequenzen oder Kanälen um. Dadurch können Sie auf zwei Frequenzen überwachen oder kommunizieren, ohne jedes Mal die Einstellungen ändern zu müssen. Dies ist besonders nützlich für Benutzer, die den

Überblick über mehrere Kommunikationskanäle gleichzeitig behalten müssen.

Direkt über der „A/B"-Taste befindet sich die „VFO/MR"-Taste. Diese Taste schaltet zwischen Frequenzmodus (VFO) und Speicherkanalmodus (MR) um. Im Frequenzmodus können Sie Frequenzen zur vorübergehenden Verwendung manuell eingeben, während der Speicherkanalmodus auf vorprogrammierte Kanäle für eine schnelle und einfache Kommunikation zugreift. Das Verständnis dieser Unterscheidung ist der Schlüssel für einen effizienten Betrieb, insbesondere beim Wechsel zwischen verschiedenen Kommunikationsaufgaben.

Die „MENU"-Taste ist für den Zugriff auf und die Anpassung der Radioeinstellungen von entscheidender Bedeutung. Durch Drücken dieser Taste wird das Menü geöffnet, in dem Sie mithilfe der Pfeiltasten durch verschiedene Optionen navigieren können. Sobald Sie die gewünschte

Einstellung gefunden haben, können Sie durch erneutes Drücken von „MENU" Anpassungen vornehmen. Nachdem Sie den gewünschten Wert eingestellt haben, werden die Änderungen durch Drücken von „EXIT" gespeichert und Sie kehren zum Hauptbildschirm zurück. Mit der „MENU"-Taste können Sie das Radio an Ihre spezifischen Bedürfnisse anpassen.

Mit den Pfeiltasten unterhalb der „MENU"-Taste können Sie durch Menüoptionen scrollen und Einstellungen anpassen. Sie dienen auch als Verknüpfungen für bestimmte Funktionen, wenn sie in Kombination mit der „FUNC"-Taste verwendet werden. Durch Drücken des Aufwärts- oder Abwärtspfeils kann beispielsweise die Lautstärke oder die Frequenz in kleinen Schritten angepasst werden, sodass ein schneller Zugriff auf wichtige Funktionen möglich ist, ohne durch das Menü navigieren zu müssen.

Rechts neben den Pfeiltasten befindet sich die Schaltfläche „EXIT", mit der Sie das Menü verlassen und zum Hauptbildschirm zurückkehren können. Diese Schaltfläche ist auch praktisch, um alle Änderungen abzubrechen, die Sie möglicherweise vorgenommen haben, aber nicht speichern möchten. Zu wissen, wie man das Menü schnell verlässt, kann hilfreich sein, insbesondere wenn Sie umgehend auf eine eingehende Übertragung reagieren müssen.

Der LCD-Bildschirm an der Vorderseite des Radios zeigt wichtige Informationen wie die aktuelle Frequenz, den Kanal, den Batteriestand und verschiedene Statusanzeigen an. Der Bildschirm ist hintergrundbeleuchtet, sodass er bei unterschiedlichen Lichtverhältnissen gut lesbar ist. Wenn Sie die auf dem Bildschirm angezeigten Symbole und Informationen verstehen, können Sie den Status des Radios überwachen und fundierte Anpassungen vornehmen.

Auf der rechten Seite des Radios finden Sie den Zubehöranschluss, der durch eine kleine Gummiklappe abgedeckt ist. Über diesen Anschluss können verschiedene Zubehörteile angeschlossen werden, beispielsweise Lautsprechermikrofone, Programmierkabel oder Headsets. Der Zubehöranschluss erhöht die Vielseitigkeit des Radios und ermöglicht es Ihnen, es mit zusätzlicher Ausrüstung an Ihre spezifischen Bedürfnisse anzupassen.

Darüber hinaus verfügt das Baofeng-Radio über eine integrierte UKW-Radiofunktion, die durch Drücken der „FM"-Taste aufgerufen werden kann. Mit dieser Funktion können Sie UKW-Sender zur Unterhaltung oder wichtigen Nachrichtenaktualisierungen hören. Der Wechsel zwischen dem UKW-Radio und den wichtigsten Kommunikationsfunktionen ist unkompliziert und stellt sicher, dass Sie informiert und verbunden bleiben.

Auf der Rückseite des Radios wird der Akku befestigt, wie bei der Einrichtung erwähnt. Für einen unterbrechungsfreien Betrieb ist es wichtig, dass der Akku sicher sitzt. Einige Modelle verfügen außerdem über einen Gürtelclip-Befestigungspunkt, sodass Sie das Radio problemlos am Körper tragen und gleichzeitig die Hände frei haben.

Um die Bedienung Ihres Baofeng-Radios zu beherrschen, ist es wichtig, sich mit diesen Bedienelementen und Tasten vertraut zu machen. Jedes Steuerelement hat einen bestimmten Zweck, und wenn Sie wissen, wie Sie es effektiv nutzen, können Sie Ihre Kommunikationsfähigkeiten erheblich verbessern. Mit etwas Übung wird Ihnen das Navigieren in den Funktionen des Radios zur Selbstverständlichkeit, sodass Sie sich auf die wichtige Aufgabe konzentrieren können, in jeder Situation in Verbindung zu bleiben.

Frequenzbänder und Kanäle verstehen

Für eine effektive Kommunikation ist es von entscheidender Bedeutung, die auf Baofeng-Radios verfügbaren Frequenzbänder und Kanäle zu verstehen. Baofeng-Radios, die bei Bastlern und Profis gleichermaßen beliebt sind, arbeiten in bestimmten Frequenzbereichen, die bestimmen, wie und wo sie verwendet werden können. Diese Funkgeräte decken normalerweise zwei Hauptbänder ab: Sehr hohe Frequenz (VHF) und Ultrahochfrequenz (UHF).

Das UKW-Band reicht von 136 bis 174 MHz. VHF-Frequenzen sind ideal für den Einsatz im Freien, da sie große Entfernungen zurücklegen und die Vegetation durchdringen können. Dadurch eignen sie sich perfekt für Aktivitäten wie Wandern, Camping und Landwirtschaft. Allerdings kann es für UKW-Signale schwierig sein, feste Objekte wie Gebäude oder Berge zu durchdringen, sodass sie in städtischen Umgebungen möglicherweise nicht die beste Wahl sind.

Im Gegensatz dazu reicht das UHF-Band von 400 bis 520 MHz. UHF-Frequenzen eignen sich besser für den Einsatz in Innenräumen oder in der Stadt, da sie Gebäude und andere Hindernisse leicht durchdringen können. Dadurch ist UHF ideal für Aktivitäten in Städten, Schulen, Lagerhäusern und Fabriken. Während UHF-Signale in offenen Gebieten nicht so weit reichen wie VHF, sind sie aufgrund ihrer Fähigkeit, durch Strukturen zu navigieren, in Umgebungen, in denen VHF möglicherweise ins Wanken gerät, äußerst nützlich.

Das Navigieren in diesen Frequenzbändern auf einem Baofeng-Radio erfordert das Verständnis der Dualband-Fähigkeit des Radios. Die Dualband-Funktion ermöglicht Ihnen den Betrieb sowohl auf VHF- als auch auf UHF-Frequenzen und bietet so Flexibilität je nach Ihrer Umgebung. Um zwischen diesen Bändern zu wechseln, können

Sie mit der „A/B"-Taste Ihres Radios zwischen den beiden angezeigten Frequenzen umschalten, bei denen es sich um eine Mischung aus VHF und UHF handeln kann.

Um die geeignete Frequenz auszuwählen, müssen Sie die spezifischen Bedürfnisse Ihrer Situation kennen. Wenn Sie beispielsweise eine Wanderung in einer abgelegenen Gegend unternehmen, wären UKW-Frequenzen aufgrund ihrer größeren Reichweite in offenen Gebieten besser geeignet. Wenn Sie hingegen Aktivitäten in einem großen Gebäude koordinieren, sind UHF-Frequenzen aufgrund ihrer Fähigkeit, Wände und Böden zu durchdringen, vorzuziehen.

Baofeng-Radios ermöglichen Ihnen die manuelle Eingabe von Frequenzen über die Tastatur und bieten so eine direkte Kontrolle darüber, welche Frequenzen Sie verwenden. Um eine Frequenz einzugeben, stellen Sie sicher, dass sich Ihr Radio im Frequenzmodus (VFO) befindet. Sie können in diesen Modus wechseln, indem Sie die „VFO/MR"-Taste drücken, bis auf dem Bildschirm VFO angezeigt wird. Geben Sie dann über die Tastatur die gewünschte Frequenz ein, z. B. 146,520 für eine übliche VHF-Frequenz oder 446,000 für eine UHF-Frequenz. Diese Flexibilität ist praktisch, um sich schnell auf bestimmte Frequenzen einzustellen, die Sie für die Kommunikation benötigen.

Neben der manuellen Eingabe von Frequenzen unterstützen Baofeng-Radios auch Speicherkanäle, mit denen Sie häufig verwendete Frequenzen speichern und so leichter darauf zugreifen können. Um einen Speicherkanal zu programmieren, stellen Sie Ihr Radio zunächst im VFO-Modus auf die gewünschte Frequenz ein. Drücken Sie dann „MENU", navigieren Sie zur Speicherkanaloption (normalerweise mit der Bezeichnung MEM-CH), wählen Sie eine leere Kanalnummer aus und drücken Sie erneut „MENU", um die Frequenz auf diesem Kanal zu speichern. Dadurch können Sie schnell zwischen den gespeicherten Frequenzen wechseln, ohne diese jedes Mal neu eingeben zu müssen.

Es ist auch wichtig, den Kanalabstand zu verstehen. Der Kanalabstand bezieht sich auf den Abstand zwischen benachbarten Kanälen auf demselben Band. Baofeng-Funkgeräte verwenden normalerweise einen Kanalabstand von 12,5 kHz oder 25 kHz. Der Schmalbandabstand (12,5 kHz) ermöglicht mehr Kanäle innerhalb eines bestimmten Bereichs, was in Umgebungen mit überfüllten Frequenzen nützlich ist. Allerdings kann ein Breitbandabstand (25 kHz) eine bessere Audioqualität bieten. Sie können den Kanalabstand im Menü des Radios festlegen, indem Sie zur entsprechenden Einstellung (oft als STEP oder SPACING bezeichnet) navigieren und den gewünschten Abstand auswählen.

Zum Navigieren in Frequenzen gehört auch das Verständnis der Simplex- und Duplex-Modi. Der

Simplex-Modus ist der einfachste, bei dem Sie auf derselben Frequenz senden und empfangen. Dies wird üblicherweise für die direkte Funk-zu-Funk-Kommunikation ohne Zwischengeräte verwendet. Beispielsweise können zwei auf 146,520 MHz eingestellte Funkgeräte direkt miteinander kommunizieren, solange sie sich in Reichweite befinden.

Für den Repeater-Betrieb wird hingegen der Duplex-Modus genutzt. Repeater sind Geräte, die Ihr Signal auf einer Frequenz empfangen und auf einer anderen weitersenden, wodurch die Kommunikationsreichweite erheblich erweitert wird. Um einen Repeater zu verwenden, müssen Sie die Sende- und Empfangsfrequenzen so einstellen, dass sie mit den Einstellungen des Repeaters übereinstimmen. Beispielsweise könnte ein Repeater auf 146,760 MHz empfangen und auf 147,360 MHz senden. Sie müssten diese Frequenzen in Ihr Radio programmieren und den entsprechenden Offset einstellen. Der Offset kann je nach Konfiguration des Repeaters positiv oder negativ sein. Diese Einstellung finden Sie im Menü des Radios und werden oft als SFT-D oder OFFSET bezeichnet.

Baofeng-Funkgeräte unterstützen auch CTCSS- (Continuous Tone-Coded Squelch System) und DCS-Töne (Digital-Coded Squelch). Diese Töne werden verwendet, um unerwünschte Übertragungen herauszufiltern und sicherzustellen, dass Sie nur Kommunikationen mit dem passenden Ton hören. Dies ist besonders nützlich in Bereichen, in denen viele Benutzer möglicherweise auf derselben Frequenz arbeiten. Um einen CTCSS- oder DCS-Ton einzustellen, geben Sie die gewünschte Frequenz ein, drücken Sie dann „MENU" und navigieren Sie zu den CTCSS- oder DCS-Einstellungen. Wählen Sie den entsprechenden Ton oder Code aus und bestätigen Sie Ihre Auswahl. Dadurch wird sichergestellt, dass Ihr Funkgerät die Rauschsperre nur für Übertragungen mit dem passenden Ton öffnet, wodurch Interferenzen und unerwünschtes Rauschen reduziert werden.

Zum Verständnis von Frequenzbändern und Kanälen gehört auch die Kenntnis gesetzlicher Vorschriften. In verschiedenen Ländern gelten spezifische Regeln für die Nutzung von Funkfrequenzen. Es ist wichtig, sicherzustellen, dass Sie innerhalb der gesetzlichen Grenzen arbeiten und Frequenzen nutzen, die für Ihre Art der Kommunikation zugelassen sind. In den USA beispielsweise sind bestimmte VHF- und UHF-Frequenzen lizenzierten Amateurfunkern vorbehalten, während andere unter bestimmten Bedingungen ohne Lizenz genutzt werden können. Überprüfen Sie immer die örtlichen Vorschriften, um die Vorschriften einzuhalten.

Baofeng-Funkgeräte bieten eine große Auswahl an Frequenzen und Kanälen im VHF- und UHF-Band und bieten so Flexibilität für verschiedene Kommunikationsanforderungen. Wenn Sie verstehen, wie Sie durch diese Bänder navigieren, Frequenzen manuell eingeben, Speicherkanäle programmieren, Kanalabstände festlegen und Simplex- und Duplex-Modi verwenden, verbessern Sie Ihre Fähigkeit, effektiv zu kommunizieren. Darüber hinaus kann die Verwendung von CTCSS- und DCS-Tönen dazu beitragen, unerwünschte Übertragungen herauszufiltern und so eine klarere Kommunikation zu gewährleisten. Wenn Sie diese Aspekte beherrschen, können Sie das Potenzial Ihres Baofeng-Radios in jeder Situation maximieren.

Durchführen grundlegender Vorgänge

Der Betrieb eines Baofeng-Radios umfasst mehrere grundlegende Schritte, die sicherstellen, dass das Gerät korrekt und optimal funktioniert. Zu diesen Vorgängen gehören das Einschalten des Radios, das Anpassen der Lautstärke und das Konfigurieren der Squelch-Einstellungen. Jede dieser Aktionen ist von grundlegender Bedeutung für die effektive Nutzung

Ihres Funkgeräts, egal ob Sie Anfänger oder erfahrener Benutzer sind.

Das Einschalten Ihres Baofeng-Radios ist der erste Schritt. Der Ein-/Aus-/Lautstärkeregler, der sich oben am Radio neben der Antenne befindet, erfüllt einen doppelten Zweck. Um das Radio einzuschalten, drehen Sie diesen Knopf einfach im Uhrzeigersinn. Wenn Sie den Knopf drehen, spüren Sie ein leichtes Klicken, das anzeigt, dass das Radio jetzt eingeschaltet ist. Drehen Sie den Knopf weiter, um die Lautstärke auf Ihren bevorzugten Pegel einzustellen. Es ist wichtig, mit einer moderaten Lautstärke zu beginnen, um plötzliche laute Geräusche zu vermeiden, die unangenehm oder erschreckend sein könnten.

Sobald das Radio eingeschaltet ist, ist die Lautstärkeregelung ganz einfach. Wenn Sie den Power-/Lautstärkeregler weiter im Uhrzeigersinn drehen, wird die Lautstärke erhöht, während Sie ihn gegen den Uhrzeigersinn drehen, um sie zu verringern. Für eine klare Kommunikation ist es entscheidend, die richtige Lautstärke zu finden. Wenn die Lautstärke zu niedrig ist, verpassen Sie möglicherweise wichtige Übertragungen. Wenn der Wert zu hoch ist, kann der Ton verzerrt werden, was das Verstehen der Nachricht erschwert. Streben Sie eine Lautstärke an, bei der Sie die Übertragungen klar und deutlich hören können, ohne sich anzustrengen, aber auch nicht so laut, dass es unangenehm ist oder Sie daran hindert, andere wichtige Geräusche in Ihrer Umgebung wahrzunehmen.

Das Konfigurieren der Squelch-Einstellungen ist ein weiterer wichtiger Vorgang für eine optimale Leistung. Squelch ist eine Funktion, die Hintergrundgeräusche und statische Störungen unterdrückt, wenn keine Übertragung empfangen wird. Dadurch bleibt das Funkgerät ruhig, bis ein Signal erkannt wird, das stark genug ist, um die Rauschsperrenschwelle zu überschreiten. Um die

Squelch-Einstellungen eines Baofeng-Radios anzupassen, verwenden Sie das Menüsystem. Drücken Sie zunächst die Taste „MENU" an der Vorderseite des Radios, um auf das Menü zuzugreifen. Navigieren Sie mit den Pfeiltasten durch die Menüoptionen, bis Sie die Squelch-Einstellung finden, die normalerweise mit „SQL" gekennzeichnet ist. Drücken Sie die Taste „MENU" erneut, um diese Option auszuwählen. Anschließend können Sie mit den Pfeiltasten den Squelch-Pegel anpassen. Die Squelch-Pegel reichen typischerweise von 0 bis 9, wobei 0 für offene Squelch (Hören aller Signale und Geräusche) und 9 für den höchsten Squelch-Pegel (nur die stärksten Signale brechen durch) steht.

Ein guter Ausgangspunkt ist die Einstellung des Squelch-Pegels auf 2 oder 3. Dieser Pegel filtert die meisten Hintergrundgeräusche heraus, ermöglicht Ihnen aber dennoch, schwächere Signale zu hören. Wenn Sie feststellen, dass Sie wichtige

Übertragungen verpassen oder nur starke Signale hören, müssen Sie möglicherweise den Squelch-Pegel verringern. Wenn Sie hingegen zu viel Rauschen und Rauschen hören, müssen Sie möglicherweise den Squelch-Pegel erhöhen. Die Feinabstimmung der Squelch-Einstellung kann einige Experimente erfordern, aber die Mühe lohnt sich, um sicherzustellen, dass Sie eine klare und zuverlässige Kommunikation erhalten.

Das Verstehen und Verwenden der „MONI"-Taste kann auch bei den Squelch-Einstellungen hilfreich sein. Die „MONI"-Taste, die sich auf der linken Seite des Funkgeräts unter der PTT-Taste (Push-to-Talk) befindet, öffnet beim Drücken vorübergehend die Rauschsperre. Auf diese Weise können Sie alle Übertragungen und Geräusche auf der Frequenz abhören und so feststellen, ob ein Signal vorhanden ist, bevor Sie die Rauschsperre anpassen. Diese Funktion ist besonders nützlich in Umgebungen mit schwankenden Signalstärken oder wenn Sie versuchen, die Rauschsperre auf einen optimalen Pegel einzustellen.

Während diese grundlegenden Vorgänge (Einschalten, Lautstärke einstellen und Squelch konfigurieren) unkompliziert sind, sind sie für die effektive Nutzung Ihres Baofeng-Radios unerlässlich. Wenn Sie das Funkgerät richtig einschalten, ist es betriebsbereit. Die richtige Einstellung der Lautstärke ermöglicht eine klare Kommunikation ohne Verzerrungen oder Unannehmlichkeiten. Die optimale Einstellung der Rauschsperre hilft dabei, unerwünschte Geräusche herauszufiltern und stellt gleichzeitig sicher, dass Sie keine wichtigen Übertragungen verpassen.

Darüber hinaus kann es hilfreich sein, das Feedback Ihres Funkgeräts bei der Durchführung dieser Vorgänge zu verstehen. Wenn Sie beispielsweise die Rauschsperre anpassen, können Sie möglicherweise einen Unterschied im Hintergrundgeräuschpegel hören. Eine niedrigere Squelch-Einstellung führt zu mehr Hintergrundgeräuschen, während eine höhere Einstellung das Funkgerät leiser macht, bis eine Übertragung empfangen wird, die stark genug ist, um die Squelch-Funktion zu unterbrechen. Dieses akustische Feedback kann Ihnen dabei helfen, die perfekte Balance für Ihre spezifische Umgebung zu finden.

Es ist außerdem wichtig, diese Einstellungen regelmäßig zu überprüfen und anzupassen, insbesondere wenn Sie an einen anderen Ort ziehen oder sich die Umgebungsbedingungen ändern. Unterschiedliche Umgebungen können die Funkleistung beeinträchtigen, sodass das, was an einem Ort funktioniert, an einem anderen möglicherweise nicht ideal ist. Beispielsweise benötigen Sie in einem dicht besiedelten Stadtgebiet aufgrund unterschiedlicher Hintergrundgeräusche und Interferenzen möglicherweise eine andere Squelch-Einstellung als in einem offenen ländlichen Gebiet.

Darüber hinaus können Sie zusätzliche Einblicke in diese grundlegenden Vorgänge erhalten, indem Sie sich mit der Bedienungsanleitung des Radios und dem von Ihnen verwendeten Modell vertraut machen. Bei jedem Baofeng-Modell kann es zu geringfügigen Abweichungen in der Art und Weise kommen, wie auf diese Funktionen zugegriffen oder diese angezeigt werden. Ein Blick in das Handbuch kann daher sicherstellen, dass Sie die richtigen Einstellungen vornehmen.

Das Verstehen und Beherrschen dieser Grundfunktionen bildet die Grundlage für die effektive Nutzung Ihres Baofeng-Radios. Egal, ob Sie während einer Wanderung mit einer Gruppe kommunizieren, Aktivitäten in einer geschäftigen städtischen Umgebung koordinieren oder sich auf Notsituationen vorbereiten: Sicherstellen, dass Ihr Funkgerät richtig eingeschaltet, die Lautstärke richtig eingestellt und die Rauschsperre optimal eingestellt ist, wird Ihre Fähigkeit verbessern klar und zuverlässig kommunizieren. Je vertrauter Sie mit diesen Vorgängen werden, desto besser können Sie die erweiterten Funktionen und Fähigkeiten Ihres Baofeng-Funkgeräts erkunden und so Ihre Kommunikationsfähigkeiten und -vorbereitungen weiter verbessern.

KAPITEL 3

Beherrschung der Baofeng-Radioprogrammierung

Baofeng-Radios manuell programmieren

Das manuelle Programmieren von Baofeng-Radios kann zunächst entmutigend erscheinen, aber mit einer klaren Schritt-für-Schritt-Anleitung wird es zu einer überschaubaren und lohnenden Aufgabe. Wenn Sie verstehen, wie Sie Frequenzen und Kanäle manuell in Ihr Baofeng-Radio programmieren, haben Sie die volle Kontrolle über Ihre Kommunikationseinstellungen, was für eine effektive und zuverlässige Nutzung unerlässlich ist.

Um mit der manuellen Programmierung zu beginnen, schalten Sie zunächst Ihr Baofeng-Radio ein. Stellen Sie sicher, dass sich das Radio im Frequenzmodus (VFO) befindet, der Ihnen die direkte Eingabe und Änderung von Frequenzen ermöglicht. Sie können zwischen Frequenzmodus und Kanalmodus (MR) umschalten, indem Sie die Taste „VFO/MR" drücken, bis das Display die Frequenz anzeigt, die Sie einstellen möchten. Für die ersten Programmierschritte ist der Frequenzmodus erforderlich.

Identifizieren Sie zunächst die Frequenz, die Sie programmieren möchten. Dies kann eine lokale Repeater-Frequenz, eine Simplex-Frequenz für die direkte Funk-zu-Funk-Kommunikation oder jede andere für Ihre Anforderungen relevante Frequenz sein. Für dieses Beispiel verwenden wir die Frequenz 146,520 MHz, eine gängige Simplex-Frequenz, die von Amateurfunkern verwendet wird.

Um diese Frequenz einzugeben, verwenden Sie die Tastatur an der Vorderseite des Radios. Geben Sie 1-4-6-5-2-0 ein. Während Sie diese Zahlen eingeben, sollte die Frequenz auf dem Display angezeigt werden. Es ist wichtig, die Frequenz korrekt einzugeben, da ein Fehler in einer beliebigen Ziffer zu einer falschen Frequenzeinstellung führt.

Nachdem Sie die Frequenz eingegeben haben, müssen Sie je nach Art der Kommunikation, die Sie verwenden möchten, möglicherweise weitere Parameter festlegen. Wenn Sie eine Simplex-Frequenz programmieren, sind für die Grundeinrichtung keine weiteren Schritte erforderlich. Wenn Sie jedoch eine Repeater-Frequenz programmieren, müssen Sie den Offset und möglicherweise einen Ton einstellen.

Repeater arbeiten mit einem Offset, d. h. die Sende- und Empfangsfrequenzen sind unterschiedlich. Um den Offset einzustellen, drücken Sie die Taste

„MENU", um auf das Menüsystem des Radios zuzugreifen. Navigieren Sie mit den Pfeiltasten zur Einstellung „OFFSET", normalerweise Menüoption 26. Drücken Sie erneut „MENU", um diese Option auszuwählen. Geben Sie über die Tastatur die Offset-Frequenz ein, die bei 2-Meter-Repeatern häufig 600 kHz (0,600 MHz) beträgt. Nachdem Sie den Offset eingegeben haben, drücken Sie zur Bestätigung erneut „MENU".

Als nächstes müssen Sie die Richtung des Versatzes festlegen. Repeater verwenden normalerweise entweder einen positiven (+) oder negativen (-) Offset. Suchen Sie im Menü nach der Einstellung „SFT-D" (häufig Menüoption 25). Drücken Sie „MENU", um diese Option auszuwählen, und verwenden Sie dann die Pfeiltasten, um je nach Konfiguration des Repeaters entweder „+" oder „-" auszuwählen. Drücken Sie erneut „MENU", um Ihre Auswahl zu bestätigen.

Wenn der Repeater einen Ton für den Zugriff benötigt, müssen Sie den CTCSS- (Continuous Tone-Coded Squelch System) oder DCS-Ton (Digital-Coded Squelch) einstellen. Um einen CTCSS-Ton einzustellen, suchen Sie im Menü nach der Einstellung „T-CTCS" (normalerweise Menüoption 13). Drücken Sie „MENU", um diese Option auszuwählen, und wählen Sie dann mit den Pfeiltasten die gewünschte Tonfrequenz aus, z. B. 100,0 Hz. Drücken Sie zur Bestätigung erneut „MENU".

Nach der Konfiguration von Frequenz, Offset und Ton besteht der nächste Schritt darin, diese Einstellungen in einem Speicherkanal zu speichern. Dadurch können Sie schnell auf die programmierte Frequenz zugreifen, ohne jedes Mal alle Details erneut eingeben zu müssen. Um in einem Speicherkanal zu speichern, drücken Sie „MENU", um das Menüsystem aufzurufen. Navigieren Sie zur Einstellung „MEM-CH" (normalerweise Menüoption 27). Drücken Sie „MENU", um diese

Option auszuwählen, und wählen Sie dann mit den Pfeiltasten einen leeren Speicherkanal aus, der durch eine Kanalnummer ohne Frequenz daneben gekennzeichnet ist. Drücken Sie erneut „MENU", um die Frequenz und Einstellungen für den ausgewählten Kanal zu speichern.

Sie können diesen Vorgang für jede Frequenz und jeden Kanal wiederholen, den Sie programmieren möchten. Durch die Programmierung mehrerer Kanäle können Sie schnell und effizient zwischen den Frequenzen wechseln, was besonders in dynamischen Kommunikationsumgebungen nützlich ist.

Für eine effiziente manuelle Programmierung sind einige Tipps zu beachten. Bereiten Sie zunächst eine Liste der Frequenzen, Offsets, Töne und Kanalnummern vor, die Sie programmieren müssen, bevor Sie beginnen. Die vorherige Organisation dieser Informationen spart Zeit und verringert das Risiko von Fehlern bei der Programmierung.

Machen Sie sich zweitens mit der Menüführung und den wichtigsten Funktionen Ihres Baofeng-Radios vertraut. Wenn Sie wissen, wie Sie über das Menüsystem schnell auf Einstellungen zugreifen und diese ändern können, wird der Programmiervorgang effizienter. Darüber hinaus trägt das Üben mit dem Radio und das mehrmalige Durchgehen der Programmierschritte dazu bei, den Vorgang zu festigen und Selbstvertrauen aufzubauen.

Ein weiterer Tipp ist, mit der „MONI"-Taste die Frequenz zu überwachen und sicherzustellen, dass Sie sie richtig programmiert haben. Die „MONI"-Taste öffnet den Squelch, sodass Sie alle Aktivitäten auf der Frequenz hören können. Diese Funktion ist nützlich, um zu überprüfen, ob Sie sich auf der richtigen Frequenz befinden und ob die Einstellungen wie vorgesehen funktionieren.

Halten Sie schließlich das Handbuch Ihres Baofeng-Radios griffbereit. Das Handbuch bietet detaillierte Informationen zu den Menüoptionen, Einstellungen und zusätzlichen Funktionen Ihres Radiomodells. Wenn Sie auf Schwierigkeiten stoßen oder Erläuterungen zu einer bestimmten Einstellung benötigen, kann das Handbuch eine unschätzbare Ressource sein.

Die manuelle Programmierung mag zunächst komplex erscheinen, aber mit etwas Übung und Geduld wird sie zu einem unkomplizierten Prozess. Wenn Sie diese Schritte und Tipps befolgen, können Sie Ihr Baofeng-Radio effizient entsprechend Ihren Kommunikationsanforderungen programmieren. Unabhängig davon, ob Sie die Einrichtung für den Notfall, für Freizeitaktivitäten oder für den professionellen Einsatz vornehmen, stellt die Beherrschung der manuellen Programmierung sicher, dass Ihr Funkgerät in jeder Situation für eine zuverlässige und effektive Kommunikation bereit ist.

Verwendung von Software für fortgeschrittene Programmierung

Der Einsatz von Softwaretools für die erweiterte Programmierung von Baofeng-Funkgeräten vereinfacht den Prozess und ermöglicht komplexere Konfigurationen. Während die manuelle Programmierung für die Eingabe einiger weniger Frequenzen nützlich ist, ist die Softwareprogrammierung für die Verwaltung zahlreicher Frequenzen oder komplexerer Einstellungen unerlässlich. Diese Methode spart Zeit und verringert die Fehlerwahrscheinlichkeit.

Eines der beliebtesten Programmiersoftware-Tools für Baofeng-Radios ist CHIRP. Dieses Open-Source-Programm unterstützt eine Vielzahl von Radios, darunter die meisten Baofeng-Modelle, und bietet eine benutzerfreundliche Oberfläche zur Verwaltung der Einstellungen Ihres Radios. Um mit CHIRP zu beginnen, benötigen Sie ein Programmierkabel, das mit Ihrem Baofeng-Radio kompatibel ist. Dieses Kabel verbindet Ihr Radio über einen USB-Anschluss mit Ihrem Computer und ermöglicht so die Kommunikation der Software mit dem Gerät.

Laden Sie zunächst CHIRP von der offiziellen Website herunter und installieren Sie es. Stellen Sie sicher, dass Sie die richtige Version für Ihr Betriebssystem auswählen, egal ob Windows, macOS oder Linux. Öffnen Sie nach der Installation CHIRP und verbinden Sie Ihr Baofeng-Radio mit dem Programmierkabel mit dem Computer. Es ist wichtig, sicherzustellen, dass das Radio eingeschaltet und auf den Frequenzmodus (VFO) eingestellt ist, bevor die Verbindung hergestellt wird.

Nachdem Sie das Radio angeschlossen haben, müssen Sie CHIRP konfigurieren, um Ihr Gerät zu erkennen. Gehen Sie in CHIRP zum Menü „Radio" und wählen Sie „Von Radio herunterladen". Es erscheint ein Dialogfeld, in dem Sie nach dem

Modell des Radios und dem Anschluss gefragt werden, an den es angeschlossen ist. Wählen Sie im Dropdown-Menü das entsprechende Modell Ihres Baofeng-Radios und den richtigen COM-Port aus. Wenn Sie sich über den COM-Anschluss nicht sicher sind, können Sie ihn im Gerätemanager Ihres Computers unter „Anschlüsse (COM & LPT)" finden. Sobald die Einstellungen korrekt sind, klicken Sie auf „OK", um fortzufahren.

CHIRP kommuniziert dann mit Ihrem Radio und lädt die aktuellen Einstellungen herunter. Dieser Vorgang kann einige Augenblicke dauern. Während dieser Zeit liest die Software die Frequenz-, Kanal- und Konfigurationsdaten von Ihrem Radio. Sobald der Download abgeschlossen ist, sehen Sie eine tabellenartige Oberfläche, die die in Ihrem Radio gespeicherten Frequenzen und Einstellungen anzeigt.

Um Frequenzen hinzuzufügen oder zu ändern, klicken Sie einfach auf die gewünschte Zelle und geben Sie die neuen Informationen ein. Sie können für jeden Kanal die Frequenz, den Namen, den Tonmodus, die Tonfrequenz, Duplex (Offset) und die Offset-Frequenz angeben. Um beispielsweise eine Repeater-Frequenz hinzuzufügen, geben Sie die Empfangsfrequenz in die Spalte „Frequenz" ein, wählen den entsprechenden Tonmodus (z. B. CTCSS oder DCS), geben die vom Repeater benötigte Tonfrequenz ein und stellen den Duplex auf „+." oder „-", um die Offset-Richtung anzugeben, und geben Sie die Offset-Frequenz an.

Mit CHIRP können Sie auch Frequenzlisten aus anderen Quellen importieren, was besonders für die schnelle Programmierung einer großen Anzahl von Kanälen nützlich ist. Frequenzlisten finden Sie online oder bei örtlichen Amateurfunkvereinen. Um eine Frequenzliste zu importieren, gehen Sie zum Menü „Datei" und wählen Sie „Importieren". Wählen Sie die Datei mit der Häufigkeitsliste aus und befolgen Sie die Anweisungen, um die Daten in CHIRP zu importieren. Die importierten

Frequenzen werden in der Tabelle angezeigt und können bei Bedarf überprüft und geändert werden.

Sobald Sie alle gewünschten Frequenzen und Einstellungen eingegeben haben, ist es an der Zeit, die neue Konfiguration auf Ihr Radio hochzuladen. Gehen Sie zum Menü „Radio" und wählen Sie „Auf Radio hochladen". Stellen Sie sicher, dass das Radio noch angeschlossen und eingeschaltet ist, und klicken Sie dann auf „OK", um den Upload-Vorgang zu starten. CHIRP überträgt die neuen Einstellungen auf Ihr Radio und überschreibt dabei die vorhandene Konfiguration. Dieser Vorgang kann einige Augenblicke dauern. Es ist wichtig, dass Sie das Radio nicht trennen oder den Vorgang unterbrechen.

Neben CHIRP stehen weitere Softwaretools zur Programmierung von Baofeng-Radios zur Verfügung. Baofengs eigene Programmiersoftware ist eine weitere Option, obwohl sie allgemein als weniger benutzerfreundlich als CHIRP gilt. RT

Systems bietet auch kommerzielle Programmiersoftware an, die auf bestimmte Funkmodelle zugeschnitten ist und eine ausgefeiltere Benutzeroberfläche und zusätzliche Funktionen bietet.

Der Einsatz von Programmiersoftware wie CHIRP bietet gegenüber der manuellen Programmierung mehrere Vorteile. Es ermöglicht eine schnellere und genauere Eingabe von Frequenzen und Einstellungen, unterstützt den Import und Export von Frequenzlisten und erleichtert das Sichern und Wiederherstellen der Konfiguration Ihres Radios. Dies ist besonders nützlich, um die Konsistenz über mehrere Funkgeräte hinweg aufrechtzuerhalten oder ein Funkgerät vor Ort schnell neu zu programmieren.

Ein weiterer Vorteil der Verwendung von Programmiersoftware ist die Möglichkeit, Konfigurationen mit anderen zu teilen. Beispielsweise können Mitglieder eines Such- und

Rettungsteams oder eines örtlichen Amateurfunkclubs eine gemeinsame Frequenzliste teilen und so sicherstellen, dass alle Funkgeräte konsistent programmiert sind. Dies verbessert die Koordination und Kommunikation, insbesondere in Notfallsituationen, in denen jede Sekunde zählt.

Für fortgeschrittene Benutzer bietet CHIRP auch Funktionen wie das Klonen von Einstellungen zwischen Radios, das Bearbeiten von Einstellungen, auf die nicht über die Tastatur des Radios zugegriffen werden kann, und das Anpassen des Startbildschirms des Radios. Diese Funktionen bieten zusätzliche Flexibilität und Kontrolle über den Betrieb Ihres Baofeng-Radios, sodass Sie das Gerät an Ihre spezifischen Bedürfnisse und Vorlieben anpassen können.

Bei der Verwendung von Software zum Programmieren ist es wichtig, einige Best Practices zu befolgen. Sichern Sie immer die aktuelle Konfiguration Ihres Radios, bevor Sie Änderungen vornehmen. Dies stellt sicher, dass Sie die ursprünglichen Einstellungen wiederherstellen können, wenn während des Programmiervorgangs etwas schief geht. Aktualisieren Sie die Software regelmäßig auf die neueste Version, um von neuen Funktionen und Fehlerbehebungen zu profitieren. Und schließlich gehen Sie sorgfältig mit dem Programmierkabel und den Anschlüssen um, um eine Beschädigung Ihres Radios oder Computers zu vermeiden.

Die Verwendung von Softwaretools wie CHIRP für die erweiterte Programmierung von Baofeng-Funkgeräten vereinfacht den Prozess, spart Zeit und bietet mehr Flexibilität und Kontrolle über die Einstellungen Ihres Geräts. Unabhängig davon, ob Sie ein einzelnes Funkgerät programmieren oder eine Geräteflotte verwalten, ist die Softwareprogrammierung eine unschätzbar wertvolle Fähigkeit, die Ihre Fähigkeit verbessert, in jeder Situation effektiv und effizient zu kommunizieren.

Speichern und Organisieren von Kanälen und Frequenzen

Das Organisieren und Speichern programmierter Kanäle und Frequenzen in Ihrem Baofeng-Radio kann einen erheblichen Unterschied darin machen, wie effektiv Sie kommunizieren können, insbesondere in kritischen Situationen. Die richtige Organisation stellt sicher, dass Sie schnell auf die benötigten Frequenzen zugreifen können, ohne sich durch eine lange Liste wühlen zu müssen. Hier sind einige Strategien, die Ihnen helfen, Ihre Kanäle und Frequenzen effizient zu speichern und zu organisieren.

Beginnen Sie damit, Ihre Frequenzen nach ihrem Zweck zu kategorisieren. Dazu können Notfrequenzen, lokale Repeater, Simplex-Kanäle für die direkte Kommunikation, Wetterkanäle und alle anderen spezifischen Verwendungszwecke gehören. Durch die Gruppierung der Frequenzen nach Kategorien können Sie intuitiver durch die

Kanäle Ihres Radios navigieren. Beispielsweise könnten Sie die ersten zehn Kanäle für den Notfallgebrauch, die nächsten zehn für lokale Repeater usw. zuweisen.

Verwenden Sie beim Programmieren Ihres Radios Kanalnamen, um die einzelnen Frequenzen leichter identifizieren zu können. Bei vielen Baofeng-Radios können Sie jedem Kanal einen Namen zuweisen, sodass Sie leichter erkennen können, wozu jeder Kanal dient, ohne sich bestimmte Frequenzen merken zu müssen. Beispielsweise könnten Sie einen Kanal „EMERGENCY" für Ihre primäre Notfallfrequenz, „WEATHER" für Ihren lokalen Wetterkanal oder „REPEATER1" für einen häufig verwendeten Repeater benennen. Die Benennung von Kanälen kann mit Programmiersoftware wie CHIRP erfolgen, wo Sie neben den Frequenzen und anderen Einstellungen auch Namen eingeben können.

Eine weitere effektive Strategie besteht darin, ein logisches Nummerierungssystem für Ihre Kanäle zu verwenden. Dies kann bedeuten, bestimmte Nummernblöcke bestimmten Frequenztypen zuzuordnen. Beispielsweise könnten die Kanäle 1–10 für Notruffrequenzen, 11–20 für Repeater, 21–30 für Simplex-Kanäle usw. reserviert werden. Dieses System hilft Ihnen nicht nur dabei, sich zu merken, wo jeder Frequenztyp gespeichert ist, sondern ermöglicht auch eine schnellere Navigation zum gewünschten Kanal. Wenn Sie über mehrere Funkgeräte verfügen, sorgt die Aufrechterhaltung eines einheitlichen Nummerierungssystems für alle dafür, dass Sie und andere problemlos und ohne Verwirrung zwischen den Geräten wechseln können.

Auch die Verwendung verschiedener Speicherbänke, sofern Ihr Radio diese unterstützt, kann die Organisation verbessern. Mit Speicherbänken können Sie separate Gruppen von Kanälen erstellen, auf die unabhängig voneinander zugegriffen werden kann. Dies ist besonders nützlich, wenn Sie Ihr Funkgerät in mehreren Kontexten verwenden, z. B. beim Wandern, bei der Notfallvorsorge und bei der alltäglichen Kommunikation. Indem Sie jedem Kontext unterschiedliche Bänke zuweisen, können Sie zwischen Kanalsätzen wechseln, ohne das Radio jedes Mal neu programmieren zu müssen.

Um den Zugriff auf Kanäle noch effizienter zu gestalten, sollten Sie erwägen, die am häufigsten verwendeten Kanäle zu priorisieren und sie an den Anfang Ihrer Liste zu setzen. Dies reduziert den Zeitaufwand für das Scrollen durch die Kanäle und stellt sicher, dass Sie schnell zu den Kanälen gelangen, die Sie am häufigsten benötigen. Wenn Sie beispielsweise eine Notruffrequenz haben, die Sie regelmäßig nutzen, sollte diese einer der ersten Kanäle in Ihrem Funkgerät sein.

Es ist auch eine gute Idee, eine schriftliche oder digitale Aufzeichnung Ihrer programmierten Kanäle und ihrer entsprechenden Frequenzen, Namen und Zwecke aufzubewahren. Dies kann eine einfache Tabelle oder ein detaillierteres Dokument sein, auf das Sie bei Bedarf zurückgreifen können. Diese Aufzeichnung ist von unschätzbarem Wert, wenn Sie Ihr Radio neu programmieren müssen oder jemand anderem bei der Programmierung seines Radios helfen möchten. Es dient auch als Backup für den Fall, dass Sie Ihr Radio auf die Werkseinstellungen zurücksetzen müssen.

Die regelmäßige Überprüfung und Aktualisierung Ihrer programmierten Kanäle ist für die Aufrechterhaltung eines effektiven Kommunikationssystems unerlässlich. Die Frequenzen können sich ändern, möglicherweise werden neue Repeater installiert oder Sie finden möglicherweise bessere Kanäle für Ihre Anforderungen. Durch die regelmäßige Überprüfung Ihrer Liste der programmierten Kanäle und die Durchführung notwendiger Anpassungen stellen Sie sicher, dass Ihr Radio auf dem neuesten Stand und funktionsfähig bleibt.

Überlegen Sie nicht nur, wie Sie die Kanäle in Ihrem Radio organisieren, sondern auch, wie Sie Ihr Radio und sein Zubehör aufbewahren und transportieren. Wenn Sie alles in einem speziellen Koffer oder Beutel aufbewahren, können Sie Ihre Ausrüstung schützen und leicht zugänglich halten. Das Beschriften Ihres Koffers oder Beutels mit wichtigen Informationen, wie z. B. Notrufnummern und Schlüsselfrequenzen, sorgt für eine zusätzliche Ebene der Vorbereitung.

Für diejenigen, die ihre Funkgeräte in Gruppen nutzen, beispielsweise in einer Familie, einem Wanderverein oder einem Notfallteam, ist eine konsistente Kommunikation über die programmierten Kanäle von entscheidender Bedeutung. Stellen Sie sicher, dass alle Mitglieder die Kanalorganisation und die Namenskonventionen kennen. Dieses geteilte Wissen verbessert die

Gruppenkoordination und verringert das Risiko von Missverständnissen in kritischen Momenten.

Ein weiterer Tipp zur effizienten Nutzung gespeicherter Kanäle besteht darin, den Umgang mit Ihrem Radio regelmäßig zu üben. Wenn Sie mit der Bedienung und dem Kanallayout Ihres Geräts vertraut sind, können Sie es effektiv nutzen, wenn es darauf ankommt. Regelmäßiges Üben kann einfache Aktivitäten wie das Durchsuchen von Kanälen, das Überprüfen von Wetterberichten oder das Knüpfen kurzer Kontakte auf Simplex-Frequenzen umfassen. Je vertrauter Sie mit der Navigation Ihres Funkgeräts sind, desto effizienter wird Ihre Kommunikation in realen Situationen sein.

Nutzen Sie die Scanfunktion der meisten Baofeng-Radios. Durch das Scannen kann Ihr Radio die programmierten Kanäle durchlaufen und auf jeder aktiven Frequenz anhalten. Diese Funktion ist besonders nützlich für die gleichzeitige

Überwachung mehrerer Kanäle. Sie können Ihr Funkgerät so einstellen, dass es Ihre organisierten Frequenzgruppen scannt, um sicherzustellen, dass Sie keine wichtige Kommunikation verpassen.

Das Organisieren und Speichern von Kanälen und Frequenzen in Ihrem Baofeng-Radio erfordert eine durchdachte Kategorisierung, logische Nummerierung und konsistente Benennung. Durch die Gruppierung der Frequenzen nach Zweck, die Verwendung klarer Namen und die Beibehaltung einer logischen Kanalstruktur können Sie die Effizienz und Effektivität Ihrer Kommunikation steigern. Regelmäßige Updates, Übungen und der Wissensaustausch in Gruppen verbessern die Benutzerfreundlichkeit Ihres Radios zusätzlich. Mit diesen Strategien wird Ihr Baofeng-Radio zu einem leistungsstarken Werkzeug für zuverlässige Kommunikation in jeder Situation.

KAPITEL 4

Effektive Antennennutzung

Auswahl und Installation der richtigen Antenne

Die Auswahl und Installation der richtigen Antenne für Ihr Baofeng-Radio ist entscheidend für die Verbesserung seiner Leistung und die Gewährleistung einer zuverlässigen Kommunikation. Die Antenne ist eine der wichtigsten Komponenten jeder Funkeinrichtung, da sie sich direkt auf die Reichweite und Klarheit Ihrer Übertragungen und Empfänge auswirkt. Hier finden Sie eine ausführliche Anleitung, die Ihnen bei der Auswahl und Installation der besten Antenne für Ihre Bedürfnisse hilft, zusammen mit Tipps für die optimale Platzierung.

Zunächst ist es wichtig zu verstehen, dass die Standardantenne, die mit den meisten Baofeng-Funkgeräten geliefert wird und oft als „Gummi-Enten"-Antenne bezeichnet wird, im Allgemeinen für den Grundgebrauch ausreichend ist, aber nur über eine begrenzte Reichweite und Leistung verfügt. Um die Fähigkeiten Ihres Radios deutlich zu verbessern, sollten Sie ein Upgrade auf eine Antenne höherer Qualität in Betracht ziehen. Es stehen verschiedene Antennentypen zur Verfügung, die jeweils für unterschiedliche Szenarien und Anforderungen konzipiert sind.

Eine beliebte Option ist die Nagoya NA-771, eine flexible Peitschenantenne, die für ihre größere Reichweite und besseren Empfang im Vergleich zu Standardantennen bekannt ist. Diese Antenne ist länger und kann Ihre Sende- und Empfangsfähigkeiten erheblich verbessern. Eine weitere Option ist die Nagoya NA-24J, die kürzer ist, aber dennoch eine deutliche Verbesserung gegenüber der Standardantenne bietet. Die Wahl zwischen diesen und anderen Antennen hängt von Ihren spezifischen Anforderungen ab, z. B. Tragbarkeit, Reichweite und Umgebung.

Berücksichtigen Sie bei der Auswahl einer Antenne die Frequenzbänder, die Sie verwenden möchten. Baofeng-Radios arbeiten normalerweise auf den Bändern VHF (Very High Frequency) und UHF (Ultra High Frequency). Stellen Sie sicher, dass die von Ihnen gewählte Antenne so ausgelegt ist, dass sie in diesen Frequenzbereichen gut funktioniert. Die meisten Aftermarket-Antennen geben ihre Frequenzbereichskompatibilität an. Überprüfen Sie daher vor dem Kauf die Produktspezifikationen.

Die Installation einer neuen Antenne an Ihrem Baofeng-Radio ist unkompliziert. Schrauben Sie zunächst die serienmäßige Antenne vom Radio ab. Halten Sie die Antennenbasis fest und drehen Sie sie gegen den Uhrzeigersinn, um sie zu entfernen. Nehmen Sie als Nächstes Ihre neue Antenne und schrauben Sie sie durch Drehen im Uhrzeigersinn auf den SMA-Anschluss (SubMiniatur-Version A) des Radios. Stellen Sie sicher, dass die Antenne sicher befestigt ist, aber vermeiden Sie ein zu festes Anziehen, da dies den Stecker beschädigen könnte.

Um die beste Leistung zu erzielen, ist die richtige Antennenplatzierung unerlässlich. Bei Verwendung eines tragbaren Baofeng-Radios sollte die Antenne für eine optimale Signalausbreitung vertikal positioniert werden. Diese vertikale Ausrichtung entspricht der Polarisation der meisten Kommunikationssignale und gewährleistet so eine bessere Übertragung und einen besseren Empfang. Wenn Sie das Radio in Innenräumen verwenden, halten Sie die Antenne von großen Metallgegenständen und elektronischen Geräten fern, die das Signal stören könnten.

In Außenumgebungen wird die Platzierung der Antenne noch wichtiger. Eine höhere Platzierung führt im Allgemeinen zu einer besseren Reichweite, da dadurch Hindernisse reduziert und die Sichtlinie zwischen Ihrer Antenne und anderen Funkgeräten oder Repeatern verbessert wird. Wenn möglich, heben Sie Ihr Radio oder seine Antenne mit einem Mast oder einer anderen Stütze an. Beim Camping oder Wandern könnten Sie beispielsweise einen Ast oder einen tragbaren Mast verwenden, um die Antenne über umliegende Hindernisse anzuheben.

Für den mobilen Einsatz, beispielsweise in einem Fahrzeug, sollten Sie die Verwendung einer magnetisch befestigten Antenne in Betracht ziehen. Diese Antennen können auf dem Dach Ihres Autos angebracht werden und bieten eine höhere und stabilere Plattform als eine Handantenne. Magnetmontierte Antennen werden normalerweise mit einem Koaxialkabel geliefert, das an Ihr Baofeng-Radio angeschlossen wird, sodass Sie das Radio vom Inneren des Fahrzeugs aus bedienen können, während die Antenne draußen bleibt. Diese Einrichtung verbessert die Signalstärke und reduziert Störungen durch die Metallkarosserie des Fahrzeugs.

Eine weitere erweiterte Option ist die Verwendung einer Basisstationsantenne für feste Standorte, beispielsweise zu Hause oder in einem abgelegenen Lager. Basisstationsantennen sind normalerweise größer und für die Kommunikation über große Entfernungen ausgelegt. Sie müssen auf einer stabilen Struktur, beispielsweise einem Mast oder einem Dach, montiert und über ein hochwertiges Koaxialkabel mit Ihrem Radio verbunden werden. Basisstationsantennen bieten eine überlegene Leistung, erfordern jedoch mehr Einrichtung und sind weniger tragbar.

Bei der Auswahl und Installation einer Antenne ist es auch wichtig, das SWR (Stehwellenverhältnis) zu berücksichtigen. Das SWR misst die Effizienz der Antenne und ihre Fähigkeit, Signale effektiv zu übertragen. Ein hohes SWR weist auf einen schlechten Wirkungsgrad hin und kann sogar den Sender Ihres Radios beschädigen. Mit einem SWR-Messgerät können Sie die Leistung der

Antenne testen und notwendige Anpassungen vornehmen. Idealerweise sollte das SWR für eine optimale Leistung unter 2:1 liegen. Einige Antennen verfügen über einstellbare Elemente zur Feinabstimmung des SWR, während bei anderen möglicherweise eine Neupositionierung oder eine Änderung der Länge des Koaxialkabels erforderlich ist.

Auch die Wartung Ihrer Antenne ist für die langfristige Leistung von entscheidender Bedeutung. Überprüfen Sie die Antenne regelmäßig auf physische Schäden wie Risse oder Biegungen, insbesondere wenn Sie eine flexible Peitschenantenne verwenden. Reinigen Sie die Antenne und ihren Anschluss, um eine gute elektrische Verbindung sicherzustellen. Überprüfen Sie bei Außenantennen die Montageteile und das Koaxialkabel auf wetterbedingte Abnutzung. Der rechtzeitige Austausch beschädigter Komponenten kann eine Signalverschlechterung verhindern und eine zuverlässige Kommunikation gewährleisten.

Durch die Aufrüstung der Antenne Ihres Baofeng-Radios können Sie dessen Reichweite und Leistung erheblich steigern. Berücksichtigen Sie bei der Auswahl einer Antenne Ihre spezifischen Bedürfnisse und Betriebsumgebung, egal ob es sich um eine flexible Antenne, eine Magnethalterung oder ein Basisstationsmodell handelt. Die richtige Installation und Platzierung der Antenne ist der Schlüssel zur Erzielung der besten Ergebnisse. Höhere Höhen und eine vertikale Ausrichtung sorgen im Allgemeinen für eine bessere Leistung. Regelmäßige Wartung und SWR-Prüfungen stellen sicher, dass Ihre Antenne auch langfristig weiterhin effektiv funktioniert. Wenn Sie diese Richtlinien befolgen, können Sie Ihr Baofeng-Funkgerät für eine zuverlässige und effiziente Kommunikation in jeder Situation optimieren.

Antennenwartung und Fehlerbehebung

Die Wartung der Antenne Ihres Baofeng-Radios ist wichtig, um seine Langlebigkeit und optimale Leistung zu gewährleisten. Eine gut gewartete Antenne kann Ihre Kommunikationsfähigkeiten erheblich verbessern, wohingegen eine vernachlässigte Antenne zu einer schlechten Signalqualität und sogar zu Schäden an Ihrem Radio führen kann. In diesem Abschnitt finden Sie umfassende Ratschläge zur Antennenwartung und zur Fehlerbehebung bei häufigen Problemen, die Ihnen dabei helfen, Ihre Geräte in Topform zu halten.

Die regelmäßige Überprüfung Ihrer Antenne ist der erste Schritt zur Aufrechterhaltung ihrer Leistung. Überprüfen Sie die Antenne auf physische Schäden wie Risse, Biegungen oder Korrosion, insbesondere wenn Sie eine flexible Peitschenantenne verwenden, die anfälliger für Abnutzung sein kann. Physische

Schäden können die Fähigkeit der Antenne, Signale effektiv zu senden und zu empfangen, erheblich beeinträchtigen. Wenn Sie Probleme bemerken, ist es wichtig, diese sofort zu beheben. Bei geringfügigen Biegungen kann die Funktionsfähigkeit der Antenne durch vorsichtiges Geraderichten wiederhergestellt werden. Bei größeren Schäden sollten Sie jedoch einen vollständigen Austausch der Antenne in Betracht ziehen.

Die Reinigung Ihrer Antenne und ihrer Anschlüsse ist eine weitere wichtige Wartungsaufgabe. Im Laufe der Zeit können sich Schmutz, Staub und Schmutz auf der Antenne ansammeln und deren Leistung beeinträchtigen. Reinigen Sie die Antenne mit einem weichen, feuchten Tuch und achten Sie darauf, dass sie frei von Rückständen ist. Achten Sie besonders auf die Anschlüsse, da eine saubere Verbindung einen guten elektrischen Kontakt zwischen Antenne und Radio gewährleistet. Für die Anschlüsse können Sie ein in Isopropylalkohol getauchtes Wattestäbchen verwenden, um Oxidation oder Schmutz zu entfernen. Diese Reinigung sollte regelmäßig durchgeführt werden, insbesondere wenn Sie Ihr Radio im Freien verwenden, wo es den Elementen ausgesetzt ist.

Wenn Sie eine Magnethalterung oder eine Basisstationsantenne verwenden, überprüfen Sie regelmäßig die Montageteile und das Koaxialkabel. Stellen Sie sicher, dass der Magnetfuß sicher befestigt und frei von Rost ist. Überprüfen Sie bei Basisstationsantennen, ob alle Befestigungsschrauben und Halterungen fest angezogen und in gutem Zustand sind. Das Koaxialkabel sollte keine Schnitte, Knicke oder Abnutzungserscheinungen aufweisen. Ein beschädigtes Koaxialkabel kann zu Signalverlust und schlechter Leistung führen. Wenn Sie Schäden feststellen, tauschen Sie das Kabel umgehend aus, um die Integrität Ihres Kommunikationssystems zu gewährleisten.

Ein häufiges Problem bei Antennen ist ein hohes Stehwellenverhältnis (SWR), was auf eine Ineffizienz bei der Signalübertragung hinweist. Mit einem SWR-Messgerät können Sie das SWR Ihrer Antenne messen. Idealerweise sollte das SWR unter 2:1 liegen. Wenn das SWR höher ist, deutet dies darauf hin, dass die Antenne nicht richtig abgestimmt ist oder dass ein Problem mit der Installation vorliegt. Überprüfen Sie zur Fehlerbehebung zunächst den Antennenanschluss, um sicherzustellen, dass er fest und sicher sitzt. Wenn die Verbindung gut ist, versuchen Sie, die Länge oder Position der Antenne anzupassen. Einige Antennen verfügen über einstellbare Elemente, die fein abgestimmt werden können, um ein besseres SWR zu erreichen. Wenn sich das Problem durch die Anpassung der Antenne nicht beheben lässt, überprüfen Sie das Koaxialkabel auf Beschädigungen oder ersetzen Sie es durch ein hochwertiges Kabel.

Ein weiterer Tipp zur Fehlerbehebung besteht darin, die Antenne an einem anderen Ort zu testen. Manchmal kann die Platzierung der Antenne zu Problemen beim Signalempfang und der Signalübertragung führen. Wenn Sie drinnen sind, versuchen Sie, näher an ein Fenster oder einen offenen Raum zu gehen. Stellen Sie die Antenne bei Verwendung im Freien nach Möglichkeit höher auf, indem Sie einen Mast oder einen Ast verwenden, um die Sichtlinie zu verbessern. Eine höhere Platzierung reduziert Hindernisse und verbessert die Fähigkeit der Antenne, über größere Entfernungen zu kommunizieren.

Wenn Sie zeitweise Probleme mit Ihrer Antenne haben, kann dies an losen Verbindungen oder Umgebungsfaktoren liegen. Stellen Sie sicher, dass die Antenne fest am Radio befestigt ist und dass die Anschlüsse sauber und fest sitzen. Zeitweilige Probleme können auch durch Wetterbedingungen wie Regen oder extreme Temperaturen verursacht werden. Wenn Sie bei bestimmten

Wetterbedingungen einen Leistungsabfall bemerken, sollten Sie die Verwendung einer wetterfesten Abdeckung oder eines wetterfesten Gehäuses für Ihre Antenne in Betracht ziehen, um sie vor Witterungseinflüssen zu schützen.

Für Benutzer, die häufig die Antenne wechseln oder ihre Funkgeräte in verschiedenen Umgebungen verwenden, kann es hilfreich sein, ein Protokoll der Antennenleistung zu führen. Notieren Sie die SWR-Werte, die Signalqualität und alle Probleme, die bei jeder Antenne und jedem Standort auftreten. Mithilfe dieses Protokolls können Sie Muster erkennen und fundiertere Entscheidungen zur Antennenwartung und Fehlerbehebung treffen. Wenn Sie beispielsweise feststellen, dass das SWR nach der Verwendung des Radios in einer bestimmten Umgebung kontinuierlich ansteigt, können Sie vorbeugende Maßnahmen wie zusätzliche Reinigung oder die Verwendung von Schutzhüllen ergreifen.

In manchen Fällen kann der Einsatz eines Antennenanalysators detailliertere Einblicke in die Leistung Ihres Antennensystems liefern. Ein Antennenanalysator kann Ihnen dabei helfen, bestimmte Frequenzbereiche zu identifizieren, in denen die Antenne die beste Leistung erbringt und wo möglicherweise eine Anpassung erforderlich ist. Dieses Tool ist besonders nützlich für fortgeschrittene Benutzer, die ihr Setup für eine optimale Leistung optimieren möchten.

Erwägen Sie für Notfälle die Anbringung einer Ersatzantenne. Wenn Ihre Primärantenne ausfällt oder beschädigt wird, stellen Sie mit einer Ersatzantenne sicher, dass Sie ohne Unterbrechung weiter kommunizieren können. Bewahren Sie die Ersatzantenne an einem sicheren, zugänglichen Ort auf und stellen Sie sicher, dass sie in gutem Betriebszustand ist. Testen Sie die Ersatzantenne regelmäßig, um sicherzustellen, dass sie bei Bedarf einsatzbereit ist.

Die Wartung und Fehlerbehebung der Antenne Ihres Baofeng-Radios umfasst eine regelmäßige Inspektion, Reinigung und ordnungsgemäße Installation. Indem Sie die Antenne und ihre Anschlüsse sauber halten, auf physische Schäden prüfen und für ein gutes SWR sorgen, können Sie die Leistung Ihres Radios maximieren. Regelmäßige Wartung und schnelle Fehlerbehebung bei Problemen stellen sicher, dass Ihre Antenne zuverlässig und effizient bleibt und eine klare und konsistente Kommunikation gewährleistet. Durch Befolgen dieser Richtlinien können Sie die Lebensdauer Ihrer Antenne verlängern und sicherstellen, dass Ihr Baofeng-Radio in jeder Situation optimal funktioniert.

Verbesserung der Übertragungsreichweite und Signalstärke

Die Maximierung der Übertragungsreichweite und Signalstärke Ihres Baofeng-Funkgeräts kann Ihre

Kommunikationsfähigkeiten erheblich verbessern, insbesondere in kritischen Überlebens- und Bereitschaftsszenarien. Um dies zu erreichen, müssen Sie sich auf mehrere Schlüsselfaktoren konzentrieren, darunter Antennenpositionierung, Leistungseinstellungen und Umweltaspekte. Hier finden Sie einen detaillierten Blick auf jedes dieser Elemente und wie sie zu einer besseren Funkleistung beitragen.

Die Positionierung der Antenne ist einer der wichtigsten Aspekte zur Verbesserung der Übertragungsreichweite und Signalstärke Ihres Funkgeräts. Die Antenne sollte bei der Verwendung immer vertikal ausgerichtet sein, da diese Ausrichtung mit der Polarisation der meisten Funksignale übereinstimmt. Durch die richtige vertikale Ausrichtung wird sichergestellt, dass Ihre gesendeten und empfangenen Signale stark und klar sind. Wenn Sie Ihr Baofeng-Radio in Innenräumen verwenden, versuchen Sie, die Antenne in der Nähe von Fenstern oder offenen Räumen zu positionieren, um Hindernisse zu minimieren. Stellen Sie das Radio nicht in der Nähe großer Metallgegenstände oder elektronischer Geräte auf, da diese Störungen verursachen und die Signalqualität beeinträchtigen können.

Auch das Anheben Ihrer Antenne kann einen erheblichen Unterschied in der Signalstärke und der Übertragungsreichweite bewirken. Je höher die Antenne, desto weniger Hindernisse werden auf sie zukommen, was ihre Fähigkeit verbessert, Signale über größere Entfernungen zu senden und zu empfangen. Erwägen Sie bei Handfunkgeräten die Verwendung einer längeren, flexiblen Peitschenantenne, die die Leistung verbessern kann, indem sie die effektive Höhe der Antenne vergrößert. Wenn Sie sich an einem stationären Standort befinden, beispielsweise zu Hause oder in einem Lager, kann die Verwendung eines Mastes oder einer anderen erhöhten Struktur zum Anheben der Antenne eine erhebliche Steigerung der Reichweite bewirken. Mobile Benutzer können von magnetisch befestigten Antennen profitieren, die auf dem Dach eines Fahrzeugs angebracht werden und die Antenne auch effektiv anheben.

Die Energieeinstellungen Ihres Baofeng-Radios spielen eine entscheidende Rolle bei der Bestimmung, wie weit Ihr Signal übertragen werden kann. Baofeng-Radios bieten normalerweise unterschiedliche Leistungseinstellungen, z. B. niedrig, mittel und hoch. Die Verwendung der Hochleistungseinstellung erhöht die Übertragungsreichweite, führt aber auch zu einer schnelleren Entladung des Akkus. Daher ist es wichtig, den Stromverbrauch mit der Akkulaufzeit in Einklang zu bringen, insbesondere in Situationen, in denen ein Aufladen möglicherweise nicht möglich ist. Verwenden Sie im Allgemeinen die Einstellung „Hohe Leistung", wenn Sie über größere Entfernungen kommunizieren müssen oder die Signalbedingungen schlecht sind. Für routinemäßige Kommunikation aus nächster Nähe könnten die niedrigen oder mittleren

Leistungseinstellungen ausreichend und energieeffizienter sein.

Umweltaspekte können die Leistung Ihres Radios erheblich beeinträchtigen. Funksignale verbreiten sich am besten in offenen, freien Bereichen. Gebäude, dichtes Laubwerk, Hügel und andere physische Barrieren können Signale schwächen und die Übertragungsreichweite verringern. Wenn Sie Ihr Baofeng-Radio in städtischen Umgebungen verwenden, achten Sie auf hohe Gebäude und andere Strukturen, die Signale blockieren können. Versuchen Sie, höher gelegene Gebiete oder offene Flächen zu finden, um Ihr Radio zu nutzen. In ländlichen oder wilden Gebieten kann die Positionierung auf erhöhtem Gelände wie Hügeln oder Bergrücken dazu beitragen, dass Ihr Signal eine größere Reichweite hat. Auch Gewässer wie Seen oder Flüsse können die Signalausbreitung beeinflussen und tragen oft dazu bei, dass Signale über flache, reflektierende Oberflächen weiter übertragen werden.

Auch die Wetterbedingungen können die Stärke des Funksignals und die Übertragungsreichweite beeinflussen. Regen, Schnee, Nebel und hohe Luftfeuchtigkeit können Funksignale dämpfen und ihre effektive Reichweite verringern. Unter solchen Bedingungen können höhere Leistungseinstellungen und erhöhte Antennenpositionen dazu beitragen, die Auswirkungen abzumildern. Umgekehrt kann kalte, trockene Luft manchmal die Signalausbreitung verbessern, sodass Ihr Funkgerät über größere Entfernungen als gewöhnlich kommunizieren kann.

Eine weitere Technik zur Erhöhung der Übertragungsreichweite ist der Einsatz von Repeatern. Repeater sind Geräte, die Ihr Signal empfangen und es dann mit höherer Leistung oder von einem höheren Standort aus weitersenden, wodurch Ihre Reichweite effektiv erweitert wird. Baofeng-Funkgeräte sind in der Lage, auf Repeater-Netzwerke zuzugreifen, was für die Erweiterung Ihrer Kommunikationsreichweite von unschätzbarem Wert sein kann, insbesondere in Gebieten mit anspruchsvollem Gelände oder in städtischen Umgebungen. Wenn Sie Ihr Funkgerät für die Verbindung mit lokalen Repeatern programmieren, können Sie Ihre Fähigkeit zur Kommunikation über große Entfernungen erheblich verbessern.

Auch die Optimierung der Squelch-Einstellungen des Radios kann den Signalempfang und die Klarheit verbessern. Squelch ist eine Funktion, die Hintergrundgeräusche unterdrückt, wenn kein Signal empfangen wird. Wenn Sie den Squelch-Pegel zu hoch einstellen, können schwache Signale blockiert werden, während eine zu niedrige Einstellung zu ständigem Hintergrundrauschen führen kann. Wenn Sie die Rauschsperre auf den optimalen Pegel einstellen, stellen Sie sicher, dass Sie eingehende Übertragungen deutlich und ohne unnötiges Rauschen hören können. Diese Anpassung ist besonders nützlich in Umgebungen mit unterschiedlichen Signalstärken oder wenn versucht wird, schwächere Signale zu empfangen.

Durch die Verwendung von hochwertigem Zubehör wie einem guten Koaxialkabel und guten Anschlüssen können Sie die Leistung Ihres Radios weiter steigern. Billige oder beschädigte Kabel können zu erheblichen Signalverlusten führen und sowohl die Übertragungsreichweite als auch die Empfangsqualität beeinträchtigen. Durch die Investition in ein hochwertiges, verlustarmes Koaxialkabel wird sichergestellt, dass ein größerer Teil Ihres Signals effektiv übertragen und empfangen wird. Eine regelmäßige Überprüfung und Wartung dieses Zubehörs kann Leistungseinbußen vorbeugen und eine zuverlässige Kommunikation gewährleisten.

Zusätzlich zu diesen Techniken ist die Durchführung regelmäßiger Tests und Übungssitzungen mit Ihrem Baofeng-Radio unerlässlich. Machen Sie sich damit vertraut, wie sich unterschiedliche Umgebungen und Einstellungen auf die Leistung Ihres Radios auswirken. Üben Sie das Einrichten und Verwenden von Repeatern, das Anpassen der Leistungseinstellungen und das Finden optimaler Antennenplatzierungen. Regelmäßiges Üben stellt sicher, dass Sie darauf vorbereitet sind, die Fähigkeiten Ihres Funkgeräts dann zu maximieren, wenn es darauf ankommt.

Die Verbesserung der Übertragungsreichweite und Signalstärke Ihres Baofeng-Radios erfordert eine Kombination aus optimaler Antennenpositionierung, geeigneten Leistungseinstellungen und der Berücksichtigung von Umgebungsfaktoren. Das Anheben der Antenne, die Verwendung höherer Leistungseinstellungen bei Bedarf und die Berücksichtigung physischer und wetterbedingter Hindernisse können zu einer besseren Leistung beitragen. Durch den Einsatz von Repeatern, die Feinabstimmung der Squelch-Einstellungen und die

Investition in hochwertiges Zubehör stellen Sie außerdem sicher, dass Ihr Funkgerät optimal funktioniert. Durch das Verstehen und Anwenden dieser Techniken können Sie Ihre Kommunikationsfähigkeiten erheblich verbessern und so eine zuverlässige und effektive Nutzung Ihres Baofeng-Funkgeräts in jeder Situation gewährleisten.

KAPITEL 5

Erweiterte Baofeng-Radiofunktionen

Erkundung von VOX (sprachaktivierte Übertragung)

Die VOX-Funktion (Voice-Activated Transmission) von Baofeng-Funkgeräten ist eine erweiterte Funktionalität, die eine freihändige Kommunikation ermöglicht. Diese Funktion ist besonders nützlich in Situationen, in denen die Bedienung des Funkgeräts mit den Händen unpraktisch oder unmöglich ist, z. B. beim Wandern, Radfahren oder bei der Ausführung von Aufgaben, die beide Hände erfordern. Durch die automatische Übertragung Ihrer Stimme, wenn ein Ton erkannt wird, ermöglicht Ihnen VOX eine mühelose Kommunikation, ohne dass Sie die Push-to-Talk-Taste (PTT) drücken müssen.

Um zu verstehen, wie VOX funktioniert, ist es wichtig zu wissen, dass diese Funktion ein eingebautes Mikrofon verwendet, um den Klang Ihrer Stimme zu erkennen. Wenn Sie sprechen, nimmt das Mikrofon den Ton auf und veranlasst das Funkgerät, mit der Übertragung zu beginnen. Dieser Freisprechbetrieb erleichtert die Kommunikation in Situationen, in denen die manuelle Bedienung des Radios umständlich ist, erheblich. Allerdings ist die korrekte Einrichtung von VOX von entscheidender Bedeutung, um sicherzustellen, dass es effektiv funktioniert und keine unbeabsichtigten Geräusche überträgt.

Die Aktivierung der VOX-Funktion Ihres Baofeng-Radios erfordert ein paar einfache Schritte. Stellen Sie zunächst sicher, dass Ihr Radio eingeschaltet ist und sich im richtigen Modus befindet. Rufen Sie das Menü auf, indem Sie die „Menü"-Taste auf Ihrem Radio drücken. Navigieren Sie mit den Pfeiltasten durch die Menüoptionen, bis

Sie die VOX-Einstellung finden. Diese Einstellung ist je nach Baofeng-Modell möglicherweise unterschiedlich gekennzeichnet, befindet sich jedoch normalerweise unter der Menüoption „VOX" oder „Sprachgesteuerter Schalter". Sobald Sie die VOX-Einstellung gefunden haben, wählen Sie sie durch erneutes Drücken der „Menü"-Taste aus.

Wenn die VOX-Einstellung ausgewählt ist, können Sie jetzt die VOX-Empfindlichkeitsstufe anpassen. Die Empfindlichkeitsstufe bestimmt, wie leicht das Mikrofon die Übertragung auslöst. Eine höhere Empfindlichkeit bedeutet, dass das Radio mit leiseren Tönen sendet, während eine niedrigere Empfindlichkeit lautere Töne erfordert, um die Übertragung zu aktivieren. Passen Sie die Empfindlichkeitsstufe an Ihre Umgebung und Ihre persönlichen Vorlieben an. In einer lauten Umgebung möchten Sie beispielsweise die Empfindlichkeit verringern, um zu verhindern, dass Hintergrundgeräusche die VOX-Funktion aktivieren. Umgekehrt sorgt eine höhere Empfindlichkeitsstufe in einer ruhigen Umgebung dafür, dass Ihre Stimme leichter erkannt wird.

Nachdem Sie die Empfindlichkeitsstufe eingestellt haben, verlassen Sie das Menü, indem Sie die Taste „Beenden" drücken oder warten, bis das Radio automatisch zum Hauptbildschirm zurückkehrt. Testen Sie die VOX-Funktion, indem Sie in das Mikrofon sprechen. Sie sollten feststellen, dass das Funkgerät mit dem Senden beginnt, ohne dass die PTT-Taste gedrückt werden muss. Passen Sie die Empfindlichkeitsstufe je nach Bedarf basierend auf Ihrem ersten Test an, um eine optimale Leistung sicherzustellen.

Die Konfiguration der VOX-Verzögerungszeit ist ein weiterer wichtiger Schritt, um einen reibungslosen Betrieb zu gewährleisten. Die Verzögerungszeit bestimmt, wie lange das Funkgerät weiter sendet, nachdem Sie aufgehört haben zu sprechen. Eine kurze Verzögerungszeit kann dazu führen, dass das Funkgerät Ihre Übertragung zu schnell unterbricht, während eine lange Verzögerungszeit dazu führen kann, dass unnötige Hintergrundgeräusche übertragen werden, nachdem Sie mit dem Sprechen fertig sind. Um die VOX-Verzögerungszeit anzupassen, kehren Sie zu den VOX-Einstellungen im Menü zurück und suchen Sie nach der Option „VOX-Verzögerung". Stellen Sie die Verzögerungszeit auf einen Wert ein, der natürliche Pausen in Ihrer Rede ermöglicht, ohne die Übertragung vorzeitig abzubrechen.

Die effektive Nutzung von VOX erfordert etwas Übung und ein Bewusstsein für Ihre Umgebung. Wenn Sie VOX in lauten Umgebungen verwenden, achten Sie auf Hintergrundgeräusche, die die Übertragung unbeabsichtigt auslösen könnten. Aktivitäten wie Gehen auf Kies, raschelnde Kleidung oder andere Umgebungsgeräusche können dazu führen, dass das Radio unbeabsichtigt sendet. Um dies zu mildern, passen Sie die Empfindlichkeitsstufe entsprechend an und erwägen die Verwendung eines externen Mikrofons mit Geräuschunterdrückungsfunktion, sofern Ihr Baofeng-Modell dies unterstützt.

Bei Outdoor-Aktivitäten wie Wandern oder Radfahren kann VOX Ihre Kommunikationsfähigkeit erheblich verbessern, ohne dass Sie das Radio manuell bedienen müssen. Indem Sie das Radio an Ihrer Kleidung oder Ihrem Rucksack befestigen und ein Headset verwenden, können Sie eine ständige Kommunikation mit Ihrer Gruppe aufrechterhalten. Dies ist besonders wertvoll in Szenarien, in denen Koordination und Sicherheit im Vordergrund stehen, etwa beim Navigieren in anspruchsvollem Gelände oder beim Verfolgen von Gruppenmitgliedern in dichten Wäldern.

VOX ist auch in Notsituationen von Vorteil, in denen die freihändige Bedienung wertvolle Zeit sparen kann. Wenn Sie beispielsweise Hilfe rufen müssen, während Sie Erste Hilfe leisten oder eine dringende Aufgabe erledigen, können Sie mit VOX kommunizieren, ohne Ihre Aktionen zu unterbrechen. Diese Funktion stellt sicher, dass Sie wichtige Informationen schnell und effizient bereitstellen können.

Eine weitere Anwendung von VOX liegt im professionellen Umfeld, wo die Freisprechkommunikation die Produktivität steigert. Bauarbeiter, Veranstaltungskoordinatoren und andere Fachleute können von VOX profitieren, indem sie ihre Hände für ihre Aufgaben frei haben und gleichzeitig eine reibungslose Kommunikation mit ihrem Team aufrechterhalten. In solchen Szenarien sorgt die Verwendung eines Headsets oder Ohrhörers mit dem VOX-fähigen Funkgerät für eine klare und unterbrechungsfreie Kommunikation.

Trotz seiner Vorteile weist VOX Einschränkungen auf, die Benutzer beachten sollten. Die größte Herausforderung besteht darin,

Hintergrundgeräusche zu bewältigen, die zu unbeabsichtigten Übertragungen führen können. Darüber hinaus ist VOX möglicherweise nicht für Umgebungen mit hohem Dauerlärmpegel geeignet, beispielsweise bei Konzerten oder auf Baustellen, wo der herkömmliche Push-to-Talk-Betrieb möglicherweise zuverlässiger ist. Das Verständnis dieser Einschränkungen hilft Benutzern bei der Entscheidung, wann und wo sie VOX effektiv nutzen möchten.

Um die Vorteile von VOX zu maximieren, sollten Sie die Verwendung von Zubehör in Betracht ziehen, das für den freihändigen Betrieb konzipiert ist. Headsets, Ohrhörer und externe Mikrofone können die Leistung der VOX-Funktion verbessern, indem sie eine bessere Klangqualität bieten und Hintergrundgeräusche reduzieren. Achten Sie bei der Auswahl des Zubehörs darauf, dass es mit Ihrem Baofeng-Modell kompatibel ist und Ihren spezifischen Anforderungen entspricht.

Zusammenfassend lässt sich sagen, dass die VOX-Funktion der Baofeng-Funkgeräte in verschiedenen Szenarien erhebliche Vorteile für die Freisprechkommunikation bietet. Wenn Sie wissen, wie Sie VOX effektiv aktivieren, konfigurieren und nutzen, können Sie die Funktionalität Ihres Funkgeräts verbessern und Ihr Kommunikationserlebnis verbessern. Ganz gleich, ob Sie Outdoor-Aktivitäten nachgehen, berufliche Aufgaben erledigen oder auf Notfälle reagieren – mit VOX bleiben Sie in Verbindung und haben gleichzeitig die Hände frei. Durch die richtige Einrichtung und Übung können Sie das volle Potenzial dieser erweiterten Funktion ausschöpfen und in jeder Situation eine zuverlässige und effiziente Kommunikation gewährleisten.

Verwendung der Modi „Dual Watch" und „Dual Reception".

Die Dual-Watch- und Dual-Empfangsmodi der Baofeng-Radios sind fortschrittliche Funktionen, die die Kommunikationsflexibilität und -effizenz erheblich verbessern. Diese Modi ermöglichen es Benutzern, Übertragungen auf zwei verschiedenen Frequenzen gleichzeitig zu überwachen und zu empfangen, was sie für eine Vielzahl von Szenarien von unschätzbarem Wert macht, von der Notfallvorsorge bis zum täglichen Einsatz im professionellen Umfeld.

Im Dual-Watch-Modus kann das Radio zwei vorgewählte Frequenzen scannen und überwachen. Das bedeutet, dass das Radio ständig zwischen diesen Frequenzen hin und her wechselt und auf eingehende Übertragungen wartet. Wenn auf einer der Frequenzen ein Signal erkannt wird, stoppt das Funkgerät den Scanvorgang und bleibt auf den aktiven Kanal eingestellt, sodass der Benutzer die Übertragung hören und darauf reagieren kann. Der Dual-Watch-Modus ist besonders nützlich in Situationen, in denen Sie über Aktivitäten auf zwei verschiedenen Kanälen auf dem Laufenden bleiben müssen, z. B. bei der Überwachung eines primären Kommunikationskanals und einer Notfallfrequenz.

Das Einrichten des Dual-Watch-Modus auf einem Baofeng-Radio ist unkompliziert. Schalten Sie zunächst Ihr Radio ein und rufen Sie das Menü auf, indem Sie die Taste „Menü" drücken. Navigieren Sie mit den Pfeiltasten zur Einstellung „TDR" (Dual Watch). Wählen Sie diese Option durch erneutes Drücken der „Menü"-Taste aus. Anschließend werden Optionen zum Ein- und Ausschalten des Dual-Watch-Modus angezeigt. Wählen Sie „EIN", um die Funktion zu aktivieren. Nachdem Sie den Dual-Watch-Modus aktiviert haben, müssen Sie die beiden Frequenzen auswählen, die Sie überwachen möchten. Dazu wird jede Frequenz in einen der Speicherkanäle des Radios programmiert. Sobald die Frequenzen programmiert sind, scannt das Radio automatisch zwischen ihnen und stellt so sicher, dass Sie auf beiden Kanälen auf dem Laufenden bleiben.

Im Dual-Empfangsmodus hingegen kann das Radio gleichzeitig Sendungen auf zwei verschiedenen

Frequenzen empfangen. Dadurch können Sie beide Kanäle gleichzeitig hören, ohne dass das Radio hin- und herschaltet. Dualer Empfang ist äußerst vorteilhaft in Situationen, in denen Sie mehrere Informationsquellen hören und darauf reagieren müssen, ohne wichtige Übertragungen zu verpassen. Notfallhelfer und Veranstaltungskoordinatoren können beispielsweise vom Dual-Empfangsmodus profitieren, indem sie sowohl mit ihrem Team als auch mit einer Kommandozentrale in Verbindung bleiben und so eine nahtlose Kommunikation und Koordination gewährleisten.

Um den Dual-Empfangsmodus einzurichten, stellen Sie zunächst sicher, dass Ihr Baofeng-Radio diese Funktion unterstützt, da dies nicht bei allen Modellen der Fall ist. Wenn Ihr Radio Dual-Empfang unterstützt, schalten Sie zunächst das Radio ein und rufen Sie das Menü auf. Navigieren Sie zur Einstellung „TDR-AB", die den Prioritätskanal für den Dualempfang steuert. Sie können dies entweder auf „A" oder „B" einstellen, je nachdem, welchen Kanal Sie priorisieren möchten. Nachdem Sie den Prioritätskanal eingestellt haben, programmieren Sie die gewünschten Frequenzen in die Speicherkanäle, genau wie Sie es im Dual-Watch-Modus tun würden. Nach der Programmierung empfängt das Funkgerät Übertragungen auf beiden Frequenzen gleichzeitig, sodass Sie die gesamte Kommunikation ohne Unterbrechung hören können.

Die effektive Nutzung der Dual-Watch- und Dual-Empfangsmodi erfordert etwas Übung und Verständnis für deren Vorteile. Diese Modi sind besonders nützlich in komplexen Kommunikationsumgebungen, in denen mehrere Kanäle überwacht werden müssen. Beispielsweise müssen Sie in einem Katastrophenschutzszenario möglicherweise die Häufigkeit von Notfällen auf Aktualisierungen überwachen und gleichzeitig die Kommunikation mit Ihrem Einsatzteam über einen separaten Kanal aufrechterhalten. Der

Dual-Watch-Modus stellt sicher, dass Sie auf keiner der Frequenzen wichtige Updates verpassen. Ebenso ermöglicht Ihnen der Dual-Empfangsmodus in einem professionellen Umfeld wie dem Veranstaltungsmanagement, sich mit den Mitarbeitern bei verschiedenen Aufgaben gleichzeitig abzustimmen und so die Effizienz und Reaktionszeit zu verbessern.

Eine weitere praktische Anwendung dieser Modi sind Freizeitaktivitäten wie Wandern oder Camping, wo die Verbindung mit einer Gruppe und die Überwachung der Notruffrequenzen die Sicherheit erhöhen können. Durch die Verwendung des Dual-Watch-Modus können Sie sicherstellen, dass Sie über Wetteraktualisierungen oder Notfallmeldungen auf dem Laufenden bleiben und gleichzeitig die Kommunikation mit Ihrer Gruppe aufrechterhalten. Diese doppelte Überwachungsfunktion kann in abgelegenen oder anspruchsvollen Umgebungen lebensrettend sein.

Es ist wichtig zu beachten, dass der Dual-Watch- und Dual-Empfangsmodus zwar erhebliche Vorteile bietet, sich aber auch auf die Akkulaufzeit auswirken kann. Die gleichzeitige Überwachung zweier Frequenzen erfordert mehr Strom. Daher ist es wichtig, den Batterieverbrauch Ihres Radios sorgfältig zu verwalten. Das Mitführen von Ersatzbatterien oder einem tragbaren Ladegerät kann dazu beitragen, dass Ihr Radio auch bei längerem Gebrauch betriebsbereit bleibt. Darüber hinaus kann das Verständnis, wie man schnell zwischen Einzel- und Dual-Modus wechselt, dazu beitragen, die Batterielebensdauer zu verlängern, wenn eine Dual-Überwachung nicht erforderlich ist.

Berücksichtigen Sie bei der Optimierung dieser Funktionen die folgenden Tipps: Priorisieren Sie zunächst die Kanäle, die Sie überwachen müssen. Stellen Sie im Dual-Watch-Modus die kritischste Frequenz als Primärkanal ein, um sicherzustellen, dass Sie keine wichtigen Übertragungen verpassen. Beachten Sie im Dual-Empfangsmodus den erhöhten Audioverkehr und üben Sie, auf beiden Kanälen auf wichtige Informationen zu achten. Das Anpassen der Lautstärkepegel für jeden Kanal kann dabei helfen, zwischen ihnen zu unterscheiden und so leichter zu erkennen, welcher Kanal aktiv ist.

Es ist auch wichtig, die Grenzen dieser Modi zu verstehen. Beispielsweise ist der Dual-Watch-Modus möglicherweise nicht für Umgebungen mit hohem Funkverkehr geeignet, da ein ständiges Umschalten es schwierig machen kann, Gesprächen zu folgen. Der Dual-Empfangsmodus bietet zwar gleichzeitiges Hören, kann jedoch manchmal zu Audioüberlappungen führen, was die Unterscheidung einzelner Übertragungen erschwert. Wenn Sie sich dieser Einschränkungen bewusst sind, können Sie entscheiden, wann und wie Sie diese Funktionen effektiv nutzen.

Dual-Watch- und Dual-Empfangsmodi bei Baofeng-Radios sind leistungsstarke Tools, die die

Kommunikationsfähigkeiten verbessern. Dadurch, dass Benutzer Übertragungen auf zwei Frequenzen gleichzeitig überwachen und empfangen können, bieten diese Funktionen Flexibilität und Effizienz in verschiedenen Szenarien. Zum Einrichten dieser Modi müssen die gewünschten Frequenzen programmiert und die Funkeinstellungen entsprechend konfiguriert werden. Mit etwas Übung und richtiger Anwendung können Doppelwache und Doppelempfang Ihre Fähigkeit, informiert zu bleiben und effektiv zu kommunizieren, erheblich verbessern, sei es in Notsituationen, im beruflichen Umfeld oder bei Freizeitaktivitäten. Wenn Sie diese erweiterten Funktionen verstehen und nutzen, können Sie das Potenzial Ihres Baofeng-Radios maximieren und in jeder Situation verbunden und vorbereitet bleiben.

Nutzung von CTCSS und DCS für Datenschutz und Gruppenkommunikation

CTCSS (Continuous Tone-Coded Squelch System) und DCS (Digital-Coded Squelch) sind fortschrittliche Funktionen von Baofeng-Funkgeräten, die die Privatsphäre und die Gruppenkommunikation erheblich verbessern. Mit diesen Systemen können Benutzer auf gemeinsam genutzten Frequenzen ohne Störung durch andere Benutzer kommunizieren und so klare und private Gespräche gewährleisten.

CTCSS funktioniert, indem es dem übertragenen Signal einen niederfrequenten Audioton hinzufügt. Dieser Ton ist für das menschliche Ohr nicht hörbar, kann aber von Funkgeräten erkannt werden, die mit demselben CTCSS-Ton ausgestattet sind. Wenn ein Funkgerät eine Übertragung mit einem passenden CTCSS-Ton empfängt, öffnet es die Rauschsperre (Audio-Gate) und ermöglicht das Abhören der

Nachricht. Stimmt der Ton nicht überein, bleibt das Radio stumm. Diese selektive Rauschunterdrückung stellt sicher, dass nur Übertragungen von Funkgeräten gehört werden, die denselben CTCSS-Ton verwenden. Dies sorgt für ein gewisses Maß an Privatsphäre und reduziert Störungen durch andere Benutzer auf derselben Frequenz.

DCS ähnelt CTCSS, verwendet jedoch digitale Codes anstelle von Audiotönen. Jede Übertragung ist mit einem bestimmten digitalen Code codiert, und nur Funkgeräte, die auf denselben Code eingestellt sind, öffnen ihre Rauschsperre, damit die Übertragung gehört werden kann. DCS bietet mehr Codekombinationen als CTCSS und bietet so mehr Flexibilität und Sicherheit für die Gruppenkommunikation.

Um CTCSS auf Ihrem Baofeng-Radio einzurichten, schalten Sie zunächst das Radio ein und rufen Sie das Menü auf, indem Sie die Taste „Menü" drücken. Navigieren Sie mit den Pfeiltasten zur Einstellung

„T-CTCS". Wählen Sie diese Option durch erneutes Drücken der „Menü"-Taste aus. Sie sehen eine Liste der verfügbaren CTCSS-Töne, normalerweise nummeriert von 1 bis 50 oder höher. Wählen Sie einen Ton, der dem Ihrer Gruppe oder Organisation entspricht. Drücken Sie „Menü", um Ihre Auswahl zu bestätigen und dann das Menü zu verlassen.

Das Einrichten von DCS erfolgt nach einem ähnlichen Prozess. Rufen Sie das Menü auf und navigieren Sie zur Einstellung „T-DCS". Wählen Sie diese Option und wählen Sie den entsprechenden DCS-Code aus der Liste. Bestätigen Sie Ihre Auswahl durch Drücken von „Menü" und verlassen Sie anschließend das Menü. Für eine reibungslose Kommunikation ist es wichtig, sicherzustellen, dass alle Funkgeräte in Ihrer Gruppe auf denselben CTCSS-Ton oder DCS-Code eingestellt sind.

Der praktische Nutzen von CTCSS und DCS geht über den Datenschutz hinaus. Diese Funktionen sind besonders wertvoll in Umgebungen mit hohem Funkverkehr, wie z. B. Großveranstaltungen, Baustellen oder Notfallszenarien. Durch das Herausfiltern von Übertragungen, die nicht mit dem ausgewählten Ton oder Code übereinstimmen, können sich Benutzer auf die für ihre Gruppe relevante Kommunikation konzentrieren, ohne durch unzusammenhängendes Geschwätz abgelenkt zu werden.

In Familien- oder Freizeitumgebungen verbessern CTCSS und DCS das Kommunikationserlebnis, indem sie Störungen reduzieren. Wenn Sie beispielsweise mit einer Gruppe wandern und in Kontakt bleiben möchten, ohne andere Wanderer auf derselben Frequenz zu hören, stellen Sie durch die Einstellung eines eindeutigen CTCSS-Tons sicher, dass Ihre Funkgeräte nur untereinander kommunizieren. Diese selektive Kommunikation ist auch in städtischen Gebieten nützlich, wo viele Menschen Radios für verschiedene Zwecke nutzen.

Es ist von entscheidender Bedeutung, die Bedeutung von CTCSS und DCS in der Gruppenkommunikation zu verstehen. Diese Funktionen schaffen private Kommunikationskanäle innerhalb gemeinsam genutzter Frequenzen und eignen sich daher ideal für die Koordinierung von Aktivitäten ohne externe Unterbrechungen. Dies ist insbesondere für Organisationen von Vorteil, die auf eine klare und zuverlässige Kommunikation angewiesen sind, beispielsweise Sicherheitsteams, Veranstaltungsorganisatoren und Notfallhelfer.

Zusätzlich zum Datenschutz verbessern CTCSS und DCS die Effizienz, indem sie sicherstellen, dass nur relevante Nachrichten gehört werden. Dieses selektive Zuhören verringert die Wahrscheinlichkeit verpasster oder ignorierter Nachrichten und erhöht so die Gesamteffektivität der Kommunikation. Beispielsweise können in einem Baustellenszenario verschiedene Teams unterschiedliche CTCSS-Töne oder DCS-Codes verwenden, um innerhalb ihrer

Gruppen zu kommunizieren, ohne dass es zu Überschneidungen mit anderen Teams kommt. Diese organisierte Kommunikationsstruktur minimiert Verwirrung und erhöht die Produktivität.

Bei der Verwendung von CTCSS und DCS ist es wichtig, alle Gruppenmitglieder darüber aufzuklären, wie wichtig es ist, den richtigen Ton oder Code festzulegen und beizubehalten. Wenn auch nur ein Funkgerät nicht richtig konfiguriert ist, kann es zu Fehlkommunikation kommen, was zu möglichen Verzögerungen oder verpassten Anweisungen führen kann. Die regelmäßige Überprüfung und Verifizierung der Einstellungen aller Funkgeräte gewährleistet eine konsistente und zuverlässige Kommunikation.

Obwohl CTCSS und DCS erhebliche Vorteile bieten, sind sie nicht narrensicher. Es besteht die Möglichkeit, dass andere Benutzer versehentlich denselben Ton oder Code auswählen, was zu unbeabsichtigten Störungen führt. Darüber hinaus verschlüsseln diese Systeme die Übertragung nicht, sodass jemand mit einem auf den richtigen Ton oder Code eingestellten Funkgerät trotzdem zuhören kann. In Situationen, die ein höheres Maß an Sicherheit erfordern, sollten zusätzliche Verschlüsselung oder sichere Kommunikationsmethoden in Betracht gezogen werden.

Um die Effektivität von CTCSS und DCS zu maximieren, beachten Sie die folgenden Tipps: Wählen Sie zunächst Töne oder Codes, die weniger wahrscheinlich von anderen verwendet werden. Während einige Funkgeräte über Standardeinstellungen verfügen, die viele Benutzer möglicherweise auswählen, verringert die Entscheidung für weniger gebräuchliche Töne oder Codes die Wahrscheinlichkeit von Störungen. Zweitens: Aktualisieren Sie regelmäßig die von Ihrer Gruppe verwendeten Töne oder Codes, um die Privatsphäre zu wahren und das Risiko von Überschneidungen mit anderen Benutzern zu verringern. Drittens üben Sie die richtige Funketikette, indem Sie eine klare und prägnante Sprache verwenden, und stellen Sie sicher, dass alle Gruppenmitglieder mit der Bedienung der CTCSS- und DCS-Funktionen vertraut sind.

TCSS und DCS sind wertvolle Tools zur Verbesserung der Privatsphäre und Gruppenkommunikation auf Baofeng-Funkgeräten. Durch die selektive Filterung von Übertragungen stellen diese Funktionen sicher, dass nur relevante Nachrichten gehört werden, wodurch Störungen reduziert und die Kommunikationseffizienz verbessert werden. Zum Einrichten und Verwenden von CTCSS und DCS gehört die Auswahl des geeigneten Tons oder Codes und die Sicherstellung, dass alle Funkgeräte in der Gruppe richtig konfiguriert sind. Bei richtiger Verwendung bieten diese Funktionen ein Maß an Privatsphäre und Klarheit, das für verschiedene Kommunikationsszenarien, vom beruflichen Umfeld bis hin zu Freizeitaktivitäten, unerlässlich ist. Das Verständnis und die Nutzung von CTCSS und DCS verbessern das gesamte Funkkommunikationserlebnis und sorgen für klare und zuverlässige Verbindungen in jeder Umgebung.

KAPITEL 6

Praktische Anwendungen in Überlebensszenarien

Kommunikationspläne erstellen und umsetzen

Die Erstellung und Umsetzung von Kommunikationsplänen in Überlebensszenarien ist von entscheidender Bedeutung, um sicherzustellen, dass alle Mitglieder Ihrer Gruppe in Notfällen in Verbindung bleiben und informiert bleiben können. Ein gut durchdachter Kommunikationsplan beschreibt, wie die Gruppenmitglieder miteinander kommunizieren, welche Tools und Methoden sie verwenden und wie sie ihre Bemühungen zur Erreichung gemeinsamer Ziele koordinieren. Effektive Kommunikation kann den Unterschied zwischen Sicherheit und Katastrophe ausmachen, daher ist es wichtig, einen soliden Plan zu haben.

Beginnen Sie damit, die spezifischen Überlebensszenarien zu identifizieren, denen Sie begegnen könnten. Dazu können Naturkatastrophen wie Erdbeben, Überschwemmungen oder Hurrikane gehören; von Menschen verursachte Notfälle wie Stromausfälle, Unruhen oder Terroranschläge; oder Situationen in der Wildnis, z. B. wenn man sich während einer Wanderung verirrt oder verletzt. Jedes Szenario weist einzigartige Kommunikationsanforderungen und Herausforderungen auf. Passen Sie Ihre Pläne daher entsprechend an.

Einer der ersten Schritte bei der Entwicklung eines Kommunikationsplans besteht darin, die Rollen und Verantwortlichkeiten jedes Gruppenmitglieds festzulegen. Weisen Sie Einzelpersonen bestimmte Aufgaben entsprechend ihren Fähigkeiten und Fertigkeiten zu. Beispielsweise könnte eine Person für die Überwachung von Notfallmeldungen verantwortlich sein, eine andere für die

Aufrechterhaltung des Kontakts mit Behörden oder Rettungsdiensten und eine andere für die Koordinierung mit anderen Gruppenmitgliedern. Klare Rollen verhindern Verwirrung und stellen sicher, dass jeder weiß, was er im Notfall tun muss.

Wählen Sie als Nächstes die richtigen Kommunikationstools aus. Baofeng-Radios sind aufgrund ihrer Vielseitigkeit, Reichweite und Erschwinglichkeit eine ausgezeichnete Wahl. Stellen Sie sicher, dass jedes Gruppenmitglied über ein ordnungsgemäß funktionierendes Radio verfügt und weiß, wie man es benutzt. Berücksichtigen Sie aus Gründen der Redundanz neben Funkgeräten auch andere Tools wie Mobiltelefone, Satellitentelefone und Signalspiegel. Redundanz ist von entscheidender Bedeutung, da sie Backup-Optionen bietet, falls eine Methode ausfällt.

Richten Sie eine bestimmte primäre und sekundäre Frequenz oder einen bestimmten Kanal für die Gruppenkommunikation ein. Der primäre Kanal sollte für routinemäßige Check-ins und Koordination verwendet werden, während der sekundäre Kanal als Backup für den Fall dient, dass der primäre Kanal nicht mehr verwendet werden kann. Stellen Sie sicher, dass alle Gruppenmitglieder mit diesen Frequenzen vertraut sind und wissen, wann und wie sie zwischen ihnen wechseln müssen.

Erstellen Sie einen Zeitplan für regelmäßige Kommunikations-Check-ins. Diese Check-ins können je nach Situation stündlich, alle paar Stunden oder zu bestimmten Tageszeiten erfolgen. Regelmäßige Check-ins stellen sicher, dass alle in Verbindung bleiben und Änderungen ihres Status oder der Umgebung zeitnah melden können. Während dieser Check-ins sollten Gruppenmitglieder ihren Standort, ihren Zustand und alle relevanten Informationen, die sie gesammelt haben, melden.

Erstellen Sie zusätzlich zu geplanten Check-ins Protokolle für die Notfallkommunikation. Entscheiden Sie sich für ein bestimmtes Notsignal oder Codewort, mit dem Gruppenmitglieder anzeigen können, dass sie sofortige Hilfe benötigen. Dabei kann es sich um einen bestimmten über Funk gesprochenen Satz, eine Reihe kurzer und langer Übertragungen oder ein visuelles Signal handeln, wenn Funk keine Option ist. Stellen Sie sicher, dass jeder diese Notfallprotokolle versteht und weiß, wie er reagieren soll, wenn er ein Notsignal hört.

Stellen Sie Vorlagen und Beispiele bereit, um Ihren Gruppenmitgliedern bei der Erstellung ihrer Kommunikationspläne zu helfen. Eine grundlegende Vorlage könnte Abschnitte für Kontaktinformationen, Rollen und Verantwortlichkeiten, Kommunikationstools, primäre und sekundäre Frequenzen, Check-in-Zeitpläne und Notfallprotokolle enthalten. Durch Ausfüllen dieser Vorlage kann jedes Mitglied einen individuellen Plan erstellen, der seinen Bedürfnissen und Umständen entspricht.

In einem Familienszenario könnte der Kommunikationsplan beispielsweise Folgendes umfassen:

Kontaktinformationen: Listen Sie Telefonnummern, Funkrufzeichen und E-Mail-Adressen für jedes Familienmitglied und jeden Notfallkontakt auf.

Rollen und Verantwortlichkeiten: Weisen Sie bestimmten Familienmitgliedern Rollen wie „Notfallkoordinator", „Informationssammler" und „Ersthelfer" zu.

Kommunikationstools: Beschreiben Sie detailliert die Arten von Radios und anderen Werkzeugen, die jedes Familienmitglied verwenden wird.

Primäre und sekundäre Frequenzen: Geben Sie die Funkkanäle für Routine- und Backup-Kommunikation an.

Check-in-Zeitplan: Legen Sie konkrete Zeiten für den regelmäßigen Check-in fest.

Notfallprotokolle: Beschreiben Sie die Notsignale und Verfahren zur Reaktion auf Notfälle.

Für eine effektive Umsetzung ist Übung unerlässlich. Führen Sie regelmäßige Übungen durch, bei denen die Gruppenmitglieder Notfallszenarien simulieren und ihre Kommunikationsprotokolle üben. Diese Übungen helfen dabei, etwaige Schwachstellen im Plan zu erkennen und Möglichkeiten für Verbesserungen aufzuzeigen. Ermutigen Sie die Gruppenmitglieder, Fragen zu stellen und Feedback zu geben, um den Plan weiter zu verfeinern.

Neben gruppenspezifischen Plänen ist es von Vorteil, mit den örtlichen Notfallkommunikationssystemen vertraut zu sein. Viele Gemeinden verfügen über Notfallwarnsysteme, öffentliche Sicherheitsfrequenzen und Amateurfunknetze, die im Krisenfall wertvolle Informationen liefern können. Erfahren Sie, wie Sie auf diese Ressourcen zugreifen und sie in Ihren Kommunikationsplan integrieren.

Umweltfaktoren können die Kommunikation erheblich beeinflussen. Berücksichtigen Sie diese daher bei der Entwicklung Ihres Plans. Beispielsweise können bergiges Gelände, dichte Wälder oder städtische Umgebungen Funksignale beeinflussen. Machen Sie sich mit den Grenzen Ihrer Kommunikationstools vertraut und planen Sie entsprechend. In anspruchsvollen Umgebungen müssen Sie möglicherweise Relaispunkte einrichten, an denen eine Person Nachrichten zwischen Gruppenmitgliedern weiterleiten kann, die sich außerhalb der direkten Funkreichweite befinden.

Die Akkulaufzeit ist ein weiterer wichtiger Aspekt. Stellen Sie sicher, dass alle Funkgeräte und Kommunikationsgeräte vollständig aufgeladen sind und über Ersatzbatterien oder alternative Stromquellen verfügen. Solarladegeräte, Handkurbelgeneratoren und zusätzliche Batteriepakete können in längeren Notfällen lebensrettend sein. Bringen Sie den Gruppenmitgliedern bei, wie sie die Akkulaufzeit verlängern können, indem sie ihre Geräte effizient nutzen und sie ausschalten, wenn sie nicht verwendet werden.

Die Entwicklung und Umsetzung von Kommunikationsplänen für Überlebensszenarien umfasst die Identifizierung potenzieller Notfälle, die Zuweisung von Rollen und Verantwortlichkeiten, die Auswahl geeigneter Kommunikationstools, die Einrichtung primärer und sekundärer Kanäle, die

Planung regelmäßiger Check-ins, die Erstellung von Notfallprotokollen und die regelmäßige Umsetzung des Plans. Die Bereitstellung von Vorlagen und Beispielen hilft den Gruppenmitgliedern bei der Erstellung personalisierter Pläne, während das Verständnis von Umweltfaktoren und Batteriemanagement eine zuverlässige Kommunikation gewährleistet. Indem Sie Zeit und Mühe in diese Vorbereitungen investieren, verbessern Sie die Fähigkeit Ihrer Gruppe, in Notfällen verbunden, informiert und sicher zu bleiben.

Kommunikation bei schlechten Sichtverhältnissen und widrigen Bedingungen

Die Kommunikation bei schlechten Sichtverhältnissen und widrigen Bedingungen erfordert eine sorgfältige Planung und wirksame Strategien, um sicherzustellen, dass Nachrichten klar übermittelt und empfangen werden.

Bedingungen wie Nebel, starker Regen, Schneestürme, dichte Wälder und unwegsames Gelände können die Kommunikation stark beeinträchtigen, weshalb der Einsatz der richtigen Techniken und Werkzeuge unerlässlich ist. Baofeng-Funkgeräte eignen sich aufgrund ihrer Vielseitigkeit und robusten Funktionen hervorragend für die Aufrechterhaltung der Kommunikation in diesen anspruchsvollen Umgebungen. Dieser Leitfaden bietet Strategien, die Ihnen helfen, in Verbindung zu bleiben und sicher zu bleiben.

Zunächst ist es wichtig, die Grenzen und Stärken Ihrer Kommunikationstools zu verstehen. Baofeng-Funkgeräte arbeiten auf UHF- und VHF-Frequenzen, die unterschiedliche Ausbreitungseigenschaften haben. VHF-Frequenzen können größere Entfernungen zurücklegen und Hindernisse wie Laub besser durchdringen als UHF-Frequenzen, wodurch sie für dichte Wälder und hügeliges Gelände geeignet sind.

UHF-Frequenzen hingegen eignen sich besser für städtische Umgebungen mit vielen Gebäuden und Hindernissen. Wenn Sie wissen, wann jedes Frequenzband verwendet werden sollte, kann die Kommunikationszuverlässigkeit erheblich verbessert werden.

Bei schlechter Sicht ist ein klares und vorab festgelegtes Kommunikationsprotokoll von entscheidender Bedeutung. Dazu gehören vordefinierte Check-in-Zeiten, spezifische Rufzeichen für jedes Mitglied und eine Reihe von Standardphrasen für allgemeine Nachrichten. Diese Protokolle minimieren Verwirrung und stellen sicher, dass auch bei schlechter Sicht jeder den Kommunikationsprozess versteht. Beispielsweise trägt die Verwendung einer einfachen und klaren Sprache wie „Ich bin am Checkpoint Alpha" oder „Ich bewege mich zum Checkpoint Bravo" dazu bei, das Risiko von Missverständnissen zu verringern.

Bei widrigen Wetterbedingungen ist der Schutz Ihrer Ausrüstung unerlässlich. Wasser, Staub und extreme Temperaturen können die Leistung Ihres Radios beeinträchtigen. Verwenden Sie wasserdichte oder wetterbeständige Hüllen für Ihre Baofeng-Radios, um sie vor Regen oder Schnee zu schützen. Erwägen Sie außerdem die Verwendung eines Mikrofons oder Ohrhörers mit Windschutz, um die durch Wind oder starken Regen verursachten Geräusche zu reduzieren. Wenn Sie Ihre Ausrüstung so trocken und geschützt wie möglich aufbewahren, verlängert sich ihre Lebensdauer und Sie können sicherstellen, dass sie bei Bedarf ordnungsgemäß funktioniert.

Eine weitere Herausforderung bei schlechten Sichtverhältnissen und widrigen Bedingungen ist die Aufrechterhaltung eines starken Signals. Die Platzierung und Ausrichtung der Antenne spielt eine entscheidende Rolle für die Signalstärke. In unwegsamem Gelände oder in dichten Wäldern kann das Anheben der Antenne über das

Blätterdach oder auf eine höhere Höhe den Empfang erheblich verbessern. Wenn Sie sich in einem offenen Bereich befinden, können Sie die Reichweite maximieren, indem Sie die Antenne vollständig ausziehen und vertikal positionieren. In manchen Fällen kann die Verwendung einer längeren oder leistungsstärkeren Antenne Ihre Kommunikationsfähigkeit über größere Entfernungen verbessern.

Unter widrigen Bedingungen kann die Batterielebensdauer ein entscheidender Faktor sein. Insbesondere bei kaltem Wetter können Batterien schneller als gewöhnlich entladen werden. Um dies zu mildern, bewahren Sie Ersatzbatterien in einem warmen, isolierten Beutel in der Nähe Ihrer Körperwärme auf. Wenn Sie Zugang zu einem Solarladegerät oder einem Handkurbelgenerator haben, können diese für das Aufladen von Batterien vor Ort von unschätzbarem Wert sein. Sparen Sie außerdem die Batterielebensdauer, indem Sie Ihr Funkgerät ausschalten, wenn es nicht verwendet wird, oder die Sendeleistung auf die niedrigste Einstellung reduzieren, die noch eine klare Kommunikation ermöglicht.

Ebenso wichtig ist der Einsatz der richtigen Kommunikationstechniken. In lauten oder windigen Umgebungen kann es schwierig sein, klar zu hören und gehört zu werden. Sprechen Sie langsam und deutlich, sprechen Sie jedes Wort aus und verwenden Sie die PTT-Taste (Push-To-Talk) des Funkgeräts richtig: Drücken Sie sie, warten Sie einen Moment, sprechen Sie dann und lassen Sie sie erst los, wenn Sie Ihre Nachricht beendet haben. Dadurch wird sichergestellt, dass Ihre gesamte Nachricht ohne Unterbrechung übertragen wird. Erwägen Sie bei extrem lauten Bedingungen den Einsatz nonverbaler Signale, wie z. B. vorher vereinbarter Handgesten, in Kombination mit verbaler Kommunikation, um Ihre Botschaften zu verstärken.

Ungünstige Bedingungen können auch Ihre körperliche Fähigkeit zur Nutzung des Radios beeinträchtigen. Kalte Temperaturen können Ihre Finger taub machen und die Bedienung der Bedienelemente erschweren. Üben Sie die Bedienung Ihres Radios mit Handschuhen, um sicherzustellen, dass Sie die Tasten und Schalter noch bedienen können. Wählen Sie nach Möglichkeit Funkgeräte mit größeren, benutzerfreundlichen Bedienelementen, die auch mit Handschuhen oder in Stresssituationen besser zu bedienen sind.

Umweltbewusstsein ist ein weiterer entscheidender Aspekt. Wenn Sie verstehen, wie sich Gelände und Wetter auf Funkwellen auswirken, können Sie die besten Kommunikationsstrategien auswählen. In hügeligen oder bergigen Gebieten können Funksignale beispielsweise nicht gut durch festes Gestein übertragen werden, können aber an Hindernissen reflektiert oder gebeugt werden. Wenn Sie sich in der Nähe von reflektierenden

Oberflächen wie Klippen aufhalten, kann dies manchmal den Signalempfang verbessern. Bei nebligen oder feuchten Bedingungen kann Feuchtigkeit in der Luft Funksignale schwächen. Wenn Sie Ihre Kommunikation daher prägnant und auf den Punkt bringen, kann dies dazu beitragen, die Klarheit zu bewahren.

Backup-Kommunikationsmethoden sollten ebenfalls Teil Ihrer Strategie sein. Wenn Ihre primäre Funkkommunikation ausfällt, können sekundäre Methoden wie Signalspiegel, Pfeifen oder Leuchtraketen lebensrettend sein. Diese Tools sind besonders nützlich bei schlechten Sichtverhältnissen, bei denen visuelle oder akustische Signale möglicherweise effektiver sind als Funkkommunikation.

In Situationen, in denen Sie sich durch unwegsames Gelände bewegen müssen, ist es wichtig sicherzustellen, dass Ihr Funkgerät sicher am Körper befestigt ist. Mit einem Chest Rig oder einem stabilen Gürtelclip können Sie verhindern, dass Ihr Funkgerät beschädigt wird oder verloren geht. Außerdem bleibt das Funkgerät jederzeit zugänglich und ermöglicht so eine schnelle und einfache Kommunikation, ohne dass Sie in Ihrer Ausrüstung herumwühlen müssen.

Eine effektive Teamkoordination ist unter widrigen Bedingungen von entscheidender Bedeutung. Durch die Einrichtung eines Buddy-Systems wird sichergestellt, dass niemand ohne Unterstützung dasteht, wenn die Kommunikation schwierig wird. Durch die Paarung von Teammitgliedern, die sich gegenseitig bei der Aufrechterhaltung der Kommunikation unterstützen können, wird sichergestellt, dass alle auf dem Laufenden bleiben und umgehend auf Änderungen in der Umgebung oder Situation reagieren können.

Regelmäßige Schulungen und Übungen sind unerlässlich, um die Kommunikationsfähigkeit unter schwierigen Bedingungen aufrechtzuerhalten.

Das Üben unter verschiedenen Wetterbedingungen und in unterschiedlichem Gelände hilft den Teammitgliedern, sich mit den Schwierigkeiten vertraut zu machen, denen sie möglicherweise gegenüberstehen, und ermöglicht ihnen, wirksame Strategien zur Bewältigung dieser Herausforderungen zu entwickeln. Diese Übungen sollten Szenarien umfassen, in denen die Sicht stark eingeschränkt ist, wie z. B. Nachteinsätze oder starker Nebel, um sicherzustellen, dass jeder in jeder Situation effektiv kommunizieren kann.

Die Aufrechterhaltung der Kommunikation bei schlechten Sichtverhältnissen und widrigen Bedingungen erfordert eine Kombination aus ordnungsgemäßem Einsatz der Ausrüstung, strategischer Positionierung, effektiven Kommunikationstechniken und gründlicher Vorbereitung. Indem Sie die Einschränkungen und Stärken Ihrer Baofeng-Funkgeräte kennen, Ihre Geräte schützen, die Signalstärke optimieren, die Batterielebensdauer verlängern und klare

Kommunikationsprotokolle verwenden, können Sie selbst in den anspruchsvollsten Umgebungen eine zuverlässige Kommunikation gewährleisten. Regelmäßige Schulungen und Backup-Kommunikationsmethoden verbessern Ihre Bereitschaft weiter und helfen Ihnen, in jedem Überlebensszenario verbunden und sicher zu bleiben.

Integration von Baofeng-Funkgeräten in Notfallkoffer und Notfalltaschen

Die Integration von Baofeng-Funkgeräten in Notfallkoffer und Notfalltaschen ist ein wesentlicher Schritt zur Gewährleistung einer effektiven Kommunikation in Notfällen. Baofeng-Radios sind vielseitig, tragbar und zuverlässig und eignen sich daher ideal für die Einbeziehung in Bereitschaftspläne. Wenn Sie wissen, wie Sie diese Funkgeräte richtig in Ihre Notfallausrüstung integrieren, können Sie in kritischen Situationen besser verbunden, informiert und sicher bleiben.

Erstens ist es von entscheidender Bedeutung, die Rolle von Baofeng-Funkgeräten bei der Notfallvorsorge zu verstehen. Diese Funkgeräte arbeiten auf UHF- und VHF-Frequenzen und bieten ein breites Spektrum an Kommunikationsmöglichkeiten. Sie können verwendet werden, um mit Familienmitgliedern in Kontakt zu bleiben, sich mit Rettungsteams zu koordinieren oder wichtige Updates von Notfallübertragungen zu erhalten. Aufgrund ihrer kompakten Größe und robusten Eigenschaften eignen sie sich sowohl für den Einsatz in Notfallsets für zu Hause als auch in tragbaren Notfalltaschen.

Berücksichtigen Sie bei der Vorbereitung Ihrer Notfallausrüstung und Notfalltaschen die spezifischen Bedürfnisse und Szenarien, mit denen Sie möglicherweise konfrontiert werden. Ihr Baofeng-Radio-Setup sollte auf diese

Anforderungen zugeschnitten sein. Beginnen Sie mit der Auswahl des richtigen Baofeng-Radiomodells. Der Baofeng UV-5R beispielsweise ist aufgrund seiner Erschwinglichkeit, Benutzerfreundlichkeit und seines umfangreichen Funktionsumfangs eine beliebte Wahl. Es bietet Dualband-Funktionen, sodass Sie je nach Bedarf zwischen UHF- und VHF-Frequenzen wechseln können.

Denken Sie als nächstes über die Stromquellen für Ihr Baofeng-Radio nach. Im Notfall ist eine zuverlässige Stromversorgung von entscheidender Bedeutung. Fügen Sie Ihrem Kit mehrere voll aufgeladene Akkus sowie ein tragbares Ladegerät oder ein Solarladegerät hinzu, um diese aufzuladen. Solarladegeräte sind besonders nützlich, da sie eine erneuerbare Energiequelle darstellen, die auch dann genutzt werden kann, wenn herkömmlicher Strom nicht verfügbar ist. Wenn Sie sich für wiederaufladbare Batterien entscheiden, stellen Sie sicher, dass Sie eine Möglichkeit haben, diese vor Ort aufzuladen.

Antennen spielen eine wichtige Rolle für die Leistung Ihres Baofeng-Radios. Während die im Lieferumfang des Radios enthaltene Standardantenne für die meisten Situationen ausreicht, sollten Sie erwägen, Ihrem Kit eine Hochleistungsantenne beizufügen, um den Signalempfang und die Übertragungsreichweite zu verbessern. Eine flexible Peitschenantenne kann eine wertvolle Ergänzung sein, da sie leicht verpackt werden kann und eine verbesserte Leistung in anspruchsvollen Umgebungen bietet.

Der Einbau von Zubehör wie Ohrhörern und Mikrofonen kann die Benutzerfreundlichkeit Ihres Baofeng-Radios in Notsituationen verbessern. Ohrhörer ermöglichen eine freihändige Bedienung, was besonders nützlich ist, wenn Sie Ihre Hände für andere Aufgaben frei haben müssen. Mikrofone mit Geräuschunterdrückungsfunktionen können die

Klarheit der Kommunikation in lauten Umgebungen verbessern. Nehmen Sie ein Set dieses Zubehörs in Ihre Notfallausrüstung auf, um sicherzustellen, dass Sie auf verschiedene Szenarien vorbereitet sind.

Die Aufrechterhaltung eines guten Betriebszustands Ihres Baofeng-Radios und Zubehörs ist für die Zuverlässigkeit im Notfall von entscheidender Bedeutung. Bewahren Sie sie in einer Schutzhülle auf, um Schäden durch Stöße, Feuchtigkeit und Staub zu vermeiden. Überprüfen Sie regelmäßig den Zustand der Batterien und tauschen Sie diese bei Bedarf aus. Testen Sie das Radio regelmäßig, um sicherzustellen, dass es ordnungsgemäß funktioniert und Sie mit seiner Bedienung vertraut sind.

Eine gut organisierte Notfallausrüstung sollte eine Checkliste mit den wichtigsten Dingen enthalten, um sicherzustellen, dass nichts übersehen wird. Für den Kommunikationsaspekt Ihrer Ausrüstung sollte Ihre Checkliste das Baofeng-Radio selbst,

Ersatzbatterien, ein tragbares oder Solarladegerät, eine zusätzliche Antenne, Ohrhörer, ein Mikrofon und eine Schutzhülle enthalten. Diese Checkliste hilft Ihnen, den Überblick über Ihre Ausrüstung zu behalten und stellt sicher, dass Sie alles haben, was Sie brauchen, wenn Sie es brauchen.

Berücksichtigen Sie außerdem die Bedeutung von Dokumentation und Referenzmaterialien. Fügen Sie Ihrem Kit eine gedruckte Kopie der Bedienungsanleitung des Funkgeräts sowie eine laminierte Frequenztabelle bei, in der wichtige lokale Frequenzen für Notdienste, Wetteraktualisierungen und andere wichtige Kanäle aufgeführt sind. Die schnelle Verfügbarkeit dieser Informationen kann im Notfall wertvolle Zeit sparen und sicherstellen, dass Sie schnell auf die erforderlichen Kommunikationskanäle zugreifen können.

Die Integration von Baofeng-Funkgeräten in die Notfallpläne Ihrer Familie erfordert mehr als nur das Einpacken der Ausrüstung. Stellen Sie sicher, dass alle Familienmitglieder wissen, wie man die Funkgeräte bedient und die von Ihnen eingerichteten Kommunikationsprotokolle verstehen. Regelmäßiges Üben mit den Funkgeräten kann dazu beitragen, dass sich jeder mit deren Verwendung vertraut macht und Verwirrung und Panik in einem echten Notfall verringert.

Ihr Notfallkommunikationsplan sollte auch vordefinierte Kommunikationsprotokolle enthalten. Richten Sie spezifische Kanäle für verschiedene Arten der Kommunikation ein, z. B. einen Kanal für Familien-Check-ins und einen anderen für Notfall-Updates. Programmieren Sie diese Kanäle vorab in Ihr Baofeng-Radio ein, um schnell und einfach darauf zugreifen zu können. Das Üben dieser Protokolle mit Ihrer Familie trägt dazu bei, dass jeder weiß, was zu tun ist und wie man im Notfall effektiv kommuniziert.

Erwägen Sie, zusätzlich zum Funkgerät und seinem Zubehör weitere kommunikationsbezogene Artikel in Ihre Notfallausrüstung aufzunehmen. Signalspiegel, Pfeifen und Leuchtraketen können für die visuelle oder akustische Signalisierung von unschätzbarem Wert sein, wenn keine Funkkommunikation möglich ist. Diese Elemente bieten zusätzliche Ebenen der Kommunikationsfähigkeit und stellen sicher, dass Sie mehrere Möglichkeiten haben, um Hilfe zu signalisieren oder sich mit anderen zu koordinieren.

Wenn Sie Baofeng-Funkgeräte in Ihre Notfallausrüstungen und Notfalltaschen integrieren, müssen Sie auch den breiteren Kontext Ihres gesamten Notfallplans berücksichtigen. Stellen Sie sicher, dass Ihre Ausrüstung weitere wichtige Dinge wie Erste-Hilfe-Material, Lebensmittel, Wasser, Unterkunft und Werkzeuge enthält. Das Baofeng-Radio ist ein wichtiger Bestandteil eines umfassenden Notfallplans, sollte aber durch andere notwendige Überlebensausrüstung ergänzt werden.

Berücksichtigen Sie die Tragbarkeit und Zugänglichkeit Ihrer Notfallausrüstung. Notfalltaschen sollten leicht und einfach zu tragen sein, damit Sie sich bei Bedarf schnell bewegen können. Verpacken Sie Ihr Baofeng-Radio und sein Zubehör so, dass sie leicht zugänglich sind, ohne dass Sie die gesamte Tasche auspacken müssen. Dies stellt sicher, dass Sie in dringenden Situationen schnell eine Kommunikation herstellen können.

Die Integration von Baofeng-Funkgeräten in Ihre Notfallausrüstung und Notfalltaschen ist ein wichtiger Schritt zur Verbesserung Ihrer Kommunikationsfähigkeit in Notfällen. Durch die sorgfältige Auswahl des richtigen Modells, die Gewährleistung zuverlässiger Stromquellen, einschließlich wichtiger Zubehörteile und die Wartung der Geräte in gutem Zustand können Sie eine robuste Kommunikationseinrichtung schaffen. Regelmäßige Übungen, vordefinierte Kommunikationsprotokolle und eine umfassende

Checkliste stellen außerdem sicher, dass Sie auf jede Situation vorbereitet sind. Wenn Sie diese Schritte unternehmen, können Sie sich darauf verlassen, dass Ihr Baofeng-Radio in Notfällen verbunden, informiert und sicher bleibt.

KAPITEL 7

Rechtliche und regulatorische Überlegungen

Verständnis der FCC-Bestimmungen für Baofeng-Funkbetreiber

Das Verständnis der FCC-Bestimmungen für Baofeng-Funkbetreiber ist wichtig, um den legalen und verantwortungsvollen Einsatz dieser leistungsstarken Kommunikationsmittel sicherzustellen. Die Federal Communications Commission (FCC) regelt die Nutzung von Funkfrequenzen in den Vereinigten Staaten und legt Regeln und Richtlinien fest, die Funkbetreiber befolgen müssen, um Störungen zu vermeiden und eine ordnungsgemäße Nutzung der Funkwellen aufrechtzuerhalten. Diese Vorschriften gelten für alle Arten von Funkgeräten, einschließlich der beliebten Baofeng-Modelle, die häufig von Amateurfunkbegeisterten, Überlebenskünstlern und Befürwortern der Notfallvorsorge verwendet werden.

Die FCC hat spezielle Frequenzbänder für verschiedene Kommunikationsarten festgelegt. Für Amateurfunker sind diese Bänder in den Teil 97-Regeln der FCC beschrieben. Baofeng-Funkgeräte wie das UV-5R können sowohl im VHF-Band (Very High Frequency) als auch im UHF-Band (Ultra High Frequency) betrieben werden, die unter diese Vorschriften fallen. Das VHF-Band umfasst Frequenzen von 144 bis 148 MHz und das UHF-Band umfasst Frequenzen von 420 bis 450 MHz. Diese Bänder werden häufig für die Amateurfunkkommunikation verwendet und sind für lizenzierte Betreiber zugänglich.

Um auf diesen Amateurbändern legal arbeiten zu können, müssen Einzelpersonen eine

Amateurfunklizenz von der FCC erwerben. Der Lizenzierungsprozess beinhaltet das Bestehen einer Prüfung, die Kenntnisse über Funktheorie, Vorschriften und Betriebspraktiken prüft. Es gibt drei Stufen von Amateurfunklizenzen: Techniker, Allgemein und Amateur-Extra. Jede Ebene gewährt Zugriff auf unterschiedliche Frequenzbänder und Betriebsrechte. Die Technikerlizenz ist die Einstiegslizenz und unter Baofeng-Funkbenutzern am häufigsten anzutreffen. Es ermöglicht Betreibern die Nutzung aller VHF- und UHF-Amateurbänder und ist somit ideal für die lokale und regionale Kommunikation.

Neben Amateurbändern können Baofeng-Funkgeräte auch Frequenzen außerhalb des Amateurspektrums empfangen, beispielsweise kommerzielle, öffentliche Sicherheits- und Marinebänder. Allerdings ist das Senden auf diesen Frequenzen ohne entsprechende Genehmigung illegal. Die FCC regelt streng die Nutzung von Nicht-Amateurfrequenzen, um Störungen kritischer

Dienste wie Polizei, Feuerwehr und medizinischer Notfallkommunikation zu verhindern. Unerlaubte Übertragungen auf diesen Frequenzen können zu erheblichen Bußgeldern und rechtlichen Konsequenzen führen.

Das Verstehen und Einhalten von Leistungsgrenzen ist ein weiterer wichtiger Aspekt der FCC-Vorschriften. Die maximal zulässige Leistung für die meisten Amateur-VHF- und UHF-Einsätze beträgt 1.500 Watt PEP (Peak Envelope Power). Baofeng-Radios haben jedoch typischerweise eine viel geringere Ausgangsleistung, die oft zwischen 1 und 8 Watt liegt. Obwohl dies deutlich innerhalb der gesetzlichen Grenze liegt, sollten Betreiber immer die minimale Leistung verwenden, die zur Aufrechterhaltung einer effektiven Kommunikation erforderlich ist. Diese als „Barfußlaufen" bekannte Praxis trägt zur Reduzierung von Störungen bei und gilt in der Amateurfunkgemeinschaft als gute Betriebsetikette.

Bei der Übertragung auf Amateurfrequenzen ist eine ordnungsgemäße Identifizierung erforderlich. Die FCC schreibt vor, dass Betreiber sich zu Beginn und am Ende jeder Kommunikation sowie alle zehn Minuten während einer Übertragung mit ihrem zugewiesenen Rufzeichen identifizieren müssen. Diese Identifizierungspraxis trägt dazu bei, Transparenz und Rechenschaftspflicht im Äther aufrechtzuerhalten. Wenn Sie sich nicht ordnungsgemäß ausweisen, kann dies zu Strafen und zum Verlust der Betriebsberechtigung führen.

Baofeng-Radios sind mit Funktionen ausgestattet, die eine Programmierung und individuelle Anpassung von Frequenzen und Kanälen ermöglichen. Diese Flexibilität ist zwar von Vorteil, erfordert aber auch eine sorgfältige Programmierung, um die Einhaltung der FCC-Vorschriften sicherzustellen. Betreiber sollten es vermeiden, Frequenzen zu programmieren, die außerhalb ihrer autorisierten Bänder liegen oder für andere Dienste reserviert sind. Viele

Baofeng-Modelle verfügen über vorprogrammierte Kanäle, die Nicht-Amateur-Frequenzen umfassen; Diese sollten neu programmiert oder gelöscht werden, um eine versehentliche Übertragung auf nicht autorisierten Bändern zu verhindern.

CTCSS (Continuous Tone-Coded Squelch System) und DCS (Digital-Coded Squelch) sind Datenschutzfunktionen, die auf Baofeng-Funkgeräten verfügbar sind. Mit diesen Funktionen können Benutzer eingehende Übertragungen filtern, indem sie einen bestimmten Ton oder Code zum Öffnen der Rauschsperre erfordern. CTCSS und DCS bieten zwar ein gewisses Maß an Privatsphäre, verschlüsseln die Kommunikation jedoch nicht und Übertragungen können von anderen auf derselben Frequenz weiterhin gehört werden. Es ist wichtig zu beachten, dass die Verwendung von Verschlüsselung auf Amateurfrequenzen von der FCC verboten ist, da Amateurfunk ein offener und zugänglicher Dienst sein soll.

Bei der Verwendung von Baofeng-Funkgeräten für öffentliche Veranstaltungen, gemeinnützige Arbeit oder Notfalleinsätze sollten sich Betreiber der FCC-Regeln zur Frequenzkoordinierung bewusst sein. Zur Frequenzkoordinierung gehört die Zusammenarbeit mit lokalen Amateurfunkclubs und Koordinatoren, um sicherzustellen, dass sich mehrere Benutzer nicht gegenseitig stören. Diese Koordination ist besonders wichtig bei Großveranstaltungen oder Notfällen, bei denen eine klare und zuverlässige Kommunikation von entscheidender Bedeutung ist.

Die FCC stellt außerdem Richtlinien für die Meldung von Störungen und die Beilegung von Streitigkeiten bereit. Wenn ein Betreiber Störungen durch einen anderen Funkbenutzer erfährt, besteht der erste Schritt darin, zu versuchen, das Problem durch Kommunikation einvernehmlich zu lösen. Wenn das Problem weiterhin besteht, können Betreiber eine Beschwerde bei der FCC einreichen, die dies untersucht und entsprechende Maßnahmen ergreift. Die Pflege guter Beziehungen zu anderen Funknutzern und die Ausübung höflicher Betriebsgewohnheiten können dazu beitragen, Konflikte zu minimieren und für ein positives Erlebnis für alle auf den Funkwellen zu sorgen.

Das Verständnis der FCC-Bestimmungen für Baofeng-Funkbetreiber ist für den legalen und verantwortungsvollen Einsatz von entscheidender Bedeutung. Der Erhalt der entsprechenden Amateurfunklizenz, die Einhaltung autorisierter Frequenzbänder und Leistungsgrenzen sowie die Einhaltung ordnungsgemäßer Identifizierungspraktiken sind wichtige Bestandteile der Einhaltung. Darüber hinaus tragen sorgfältige Programmierung, respektvolle Bedienungsgewohnheiten und Koordination mit anderen Nutzern zu einem geregelten und angenehmen Radioerlebnis bei. Indem sie informiert bleiben und diese Richtlinien befolgen, können Baofeng-Funkbetreiber effektiv kommunizieren und gleichzeitig die von der FCC festgelegten Standards einhalten.

Lizenzanforderungen und -verfahren

Um die erforderlichen Lizenzen für den Betrieb eines Baofeng-Radios in den Vereinigten Staaten zu erhalten, müssen Sie die von der Federal Communications Commission (FCC) festgelegten Lizenzanforderungen verstehen. Dieser Prozess stellt sicher, dass die Betreiber mit den Praktiken und Vorschriften für die Funkkommunikation vertraut sind, was dazu beiträgt, eine ordnungsgemäße Nutzung der Funkwellen aufrechtzuerhalten und Störungen mit anderen Kommunikationsdiensten zu verhindern.

Der erste Schritt bei der Erlangung einer Lizenz besteht darin, herauszufinden, welche Art von Amateurfunklizenz für Ihre Bedürfnisse geeignet ist. In den Vereinigten Staaten gibt es drei Stufen von Amateurfunklizenzen: Technician, General und

Amateur Extra. Jede Ebene gewährt unterschiedliche Betriebsrechte und Zugriff auf verschiedene Frequenzbänder.

Die Technikerlizenz ist die Einstiegslizenz und unter neuen Amateurfunkern am häufigsten anzutreffen. Es gewährt Zugang zu allen VHF- und UHF-Amateurbändern und ist somit für die lokale und regionale Kommunikation geeignet. Diese Lizenz ist ideal für Benutzer von Baofeng-Funkgeräten, da diese Funkgeräte häufig in diesen Frequenzbereichen betrieben werden. Die Generallizenz bietet zusätzliche Privilegien, einschließlich Zugriff auf mehr HF-Bänder (Hochfrequenz), die für die Kommunikation über große Entfernungen nützlich sind. Die Amateur-Extra-Lizenz ist die höchste Stufe und bietet vollen Zugriff auf alle Amateurbänder und maximale Betriebsprivilegien.

Um eine Technikerlizenz zu erhalten, müssen Sie eine Multiple-Choice-Prüfung bestehen, die grundlegende Funktheorie, Betriebspraktiken und FCC-Vorschriften abdeckt. Die Prüfung besteht aus 35 Fragen, von denen Sie mindestens 26 richtig beantworten müssen, um zu bestehen. Studienmaterialien sind online und in gedruckter Form weit verbreitet, darunter Übungsprüfungen, Studienführer und Lehrvideos.

Sobald Sie sich auf die Prüfung vorbereitet fühlen, müssen Sie eine Prüfungssitzung vor Ort finden. Diese Sitzungen werden in der Regel von freiwilligen Prüfern (VEs) durchgeführt, die von der FCC zertifiziert sind. Anstehende Prüfungstermine finden Sie auf der Website der American Radio Relay League (ARRL) oder in örtlichen Amateurfunkclubs. Viele Prüfungssitzungen werden jetzt online angeboten, was Kandidaten, die möglicherweise keinen einfachen Zugang zu persönlichen Sitzungen haben, Flexibilität bietet.

Bringen Sie am Tag der Prüfung einen amtlichen Lichtbildausweis, z. B. einen Führerschein oder einen Reisepass, mit, um Ihre Identität zu überprüfen. Sie müssen auch alle notwendigen Gebühren mitbringen, die normalerweise zwischen 10 und 15 US-Dollar liegen, obwohl einige Prüfungssitzungen möglicherweise kostenlos sind. Wenn Sie eine erneute Prüfung absolvieren oder Ihre Lizenz aktualisieren, bringen Sie außerdem eine Kopie Ihrer aktuellen Lizenz oder relevanter Unterlagen mit.

Der Prüfungsprozess ist unkompliziert. Nach dem Check-in und der Überprüfung Ihrer Identität erhalten Sie ein schriftliches Testheft und einen Antwortbogen. Lesen Sie jede Frage sorgfältig durch und wählen Sie aus den bereitgestellten Optionen die beste Antwort aus. Nehmen Sie sich Zeit und überprüfen Sie Ihre Antworten, bevor Sie Ihre Prüfung abgeben. Ehrenamtliche Prüfer stehen für Fragen zum Ablauf zur Verfügung, können jedoch nicht bei der Beantwortung von Prüfungsfragen behilflich sein.

Nach Abschluss der Prüfung bewerten die ehrenamtlichen Prüfer Ihren Test vor Ort. Bei Bestehen erhalten Sie ein Certificate of Successful Completion of Examination (CSCE), das als Nachweis für das Bestehen der Prüfung dient. Dieses Zertifikat ist 365 Tage lang gültig und ermöglicht Ihnen den Betrieb auf den durch Ihre Lizenzstufe autorisierten Frequenzen, während Sie auf die Bearbeitung Ihrer offiziellen Lizenz durch die FCC warten.

Die FCC bearbeitet neue Lizenzen in der Regel innerhalb weniger Wochen. Sie können den Status Ihres Antrags online über die Datenbank des Universal Licensing System (ULS) der FCC überprüfen. Sobald Ihre Lizenz ausgestellt ist, wird Ihnen ein eindeutiges Rufzeichen zugewiesen, mit dem Sie sich bei der Funkkommunikation identifizieren können.

Für diejenigen, die eine General- oder Amateur-Extra-Lizenz erwerben möchten, ist der

Prozess ähnlich, erfordert jedoch das Bestehen zusätzlicher Prüfungen. Die allgemeine Lizenzprüfung besteht aus 35 Fragen, während die Amateur-Extra-Prüfung 50 Fragen umfasst. Lernmaterialien und Übungsprüfungen für diese Niveaus sind ebenfalls weit verbreitet.

Zusätzlich zu den schriftlichen Prüfungen müssen Betreiber bestimmte von der FCC festgelegte Betriebspraktiken und ethische Richtlinien einhalten. Dazu gehört, dass Sie sich zu Beginn und am Ende jeder Übertragung sowie bei längerer Kommunikation alle 10 Minuten mit Ihrem Rufzeichen identifizieren. Eine ordnungsgemäße Identifizierung gewährleistet Transparenz und Verantwortlichkeit im Äther.

Es ist auch wichtig, die Leistungsgrenzen und Frequenzbeschränkungen zu verstehen, die mit Ihrer Lizenzstufe verbunden sind. Technikerlizenznehmer können beispielsweise bis zu 1.500 Watt PEP (Peak Envelope Power) auf VHF- und UHF-Bändern nutzen, sollten jedoch immer die minimale Leistung verwenden, die zur Aufrechterhaltung einer effektiven Kommunikation erforderlich ist. Diese Vorgehensweise trägt zur Reduzierung von Störungen bei und gilt als gute Betriebsetikette.

Die Teilnahme an der Amateurfunkgemeinschaft kann ein wertvoller Teil des Lizenzierungsprozesses sein. Der Beitritt zu einem örtlichen Amateurfunkclub bietet die Möglichkeit, von erfahrenen Funkern zu lernen, an Veranstaltungen und Wettbewerben teilzunehmen und zu gemeinnützigen Projekten beizutragen. Viele Clubs bieten Mentoring-Programme für neue Betreiber an, die ihnen helfen, sich im Lizenzierungsprozess zurechtzufinden und ihre Fähigkeiten weiterzuentwickeln.

Um eine Lizenz für den Betrieb eines Baofeng-Funkgeräts zu erhalten, müssen Sie die entsprechende Lizenzstufe auswählen, sich auf die erforderliche Prüfung vorbereiten und diese bestehen sowie die FCC-Vorschriften und Betriebspraktiken einhalten. Die Technikerlizenz ist der häufigste Einstiegspunkt und bietet Zugang zu VHF- und UHF-Bändern. Zur Vorbereitung auf die Prüfung gehört die Verwendung von Lernmaterialien und Übungstests sowie die Teilnahme an einer Prüfungssitzung, die von ehrenamtlichen Prüfern durchgeführt wird. Erfolgreiche Kandidaten erhalten eine CSCE und können auf autorisierten Frequenzen operieren, während sie auf ihre offizielle Lizenz warten. Der Beitritt zur Amateurfunk-Community steigert das Erlebnis und bietet Unterstützung und Möglichkeiten zum Lernen und zur Weiterentwicklung. Durch die Befolgung dieser Schritte können angehende Baofeng-Funker die legale und verantwortungsvolle Nutzung ihrer Funkgeräte sicherstellen und so zu einer gut regulierten und lebendigen Amateurfunkgemeinschaft beitragen.

Gewährleistung von Compliance und verantwortungsvoller Funknutzung

Die Einhaltung von Vorschriften und der verantwortungsvolle Umgang mit Baofeng-Funkgeräten sind von entscheidender Bedeutung für die Aufrechterhaltung der Ordnung im Funk und die Vermeidung von Störungen anderer Kommunikationsdienste. Eine verantwortungsvolle Radionutzung stellt nicht nur sicher, dass Sie sich innerhalb der gesetzlichen Grenzen bewegen, sondern fördert auch ethische Praktiken, die der gesamten Radiogemeinschaft zugute kommen.

In erster Linie ist es wichtig, die Vorschriften der Federal Communications Commission (FCC) zu verstehen und einzuhalten. Die FCC legt die Regeln für die Funkkommunikation in den Vereinigten Staaten fest, einschließlich der Verwendung von Baofeng-Funkgeräten. Diese Vorschriften sollen das

Funkfrequenzspektrum verwalten und sicherstellen, dass alle Benutzer ihre Geräte bedienen können, ohne andere zu stören. Zu den wichtigsten Vorschriften gehört die Anforderung, nur autorisierte Frequenzbänder zu nutzen und die Übertragung auf Frequenzen zu vermeiden, die für andere Dienste wie Luft-, See- und Notfalldienste reserviert sind.

Eine der Hauptaufgaben eines Funkers besteht darin, für eine ordnungsgemäße Identifizierung zu sorgen. Bei jeder Übertragung müssen Sie sich mit Ihrem zugewiesenen Rufzeichen identifizieren. Diese Praxis ist nicht nur gesetzlich vorgeschrieben, sondern auch eine Gefälligkeit gegenüber anderen Betreibern. Eine ordnungsgemäße Identifizierung trägt dazu bei, Transparenz und Verantwortlichkeit im Äther zu schaffen. Sie sollten sich zu Beginn und am Ende jeder Übertragung sowie während der laufenden Kommunikation mindestens alle zehn Minuten identifizieren.

Wichtig ist auch die Aufrechterhaltung eines klaren und prägnanten Kommunikationsstils. Vermeiden Sie die Verwendung von Fachjargon oder Slang, die andere Betreiber verwirren könnten. Sprechen Sie deutlich und in mäßigem Tempo, um sicherzustellen, dass Ihre Botschaft verstanden wird. Diese Praxis ist besonders in Notfallsituationen wichtig, in denen eine klare Kommunikation einen erheblichen Unterschied machen kann.

Ein weiterer wichtiger Aspekt einer verantwortungsvollen Funknutzung ist die Verwaltung Ihrer Sendeleistung. Für Baofeng-Funkgeräte gelten, wie für alle Amateurfunkgeräte, von der FCC festgelegte Leistungsgrenzen. Beispielsweise können Inhaber einer Technikerlizenz bis zu 1.500 Watt PEP (Peak Envelope Power) auf VHF- und UHF-Bändern nutzen. Es wird jedoch immer empfohlen, die minimale Leistung zu verwenden, die für eine effektive Kommunikation erforderlich ist. Die

Verwendung übermäßiger Energie kann zu Störungen bei anderen Benutzern führen und gilt als schlechte Betriebspraxis. Durch den Einsatz der geringsten Wirkleistung tragen Sie dazu bei, das Störpotenzial zu reduzieren und eine effiziente Nutzung des Frequenzspektrums sicherzustellen.

Auch die Frequenzdisziplin ist entscheidend. Stellen Sie immer sicher, dass Sie auf einer Frequenz fahren, die für Ihre Führerscheinklasse zulässig ist. Vermeiden Sie die Übertragung auf Frequenzen, die für andere Dienste wie öffentliche Sicherheit, Militär und kommerzielle Dienste reserviert sind. Die unbefugte Nutzung dieser Frequenzen kann schwere Strafen nach sich ziehen, darunter Geldstrafen und den Verlust Ihrer Lizenz. Darüber hinaus sind einige Frequenzen für bestimmte Zwecke vorgesehen, beispielsweise als Ruffrequenzen und Notrufkanäle. Benutzen Sie diese Frequenzen nur für den vorgesehenen Zweck und wechseln Sie auf eine andere Frequenz, sobald der Kontakt hergestellt wurde.

Eine weitere wichtige Vorgehensweise ist die Überwachung der Frequenz vor dem Senden. Bevor Sie mit dem Senden beginnen, hören Sie sich die Frequenz an, um sicherzustellen, dass sie nicht bereits verwendet wird. Diese als „Zuhören vor Sprechen" bekannte Praxis trägt dazu bei, die laufende Kommunikation nicht zu unterbrechen und verringert die Wahrscheinlichkeit von Störungen. Wenn die Frequenz belegt ist, warten Sie eine Gesprächspause, bevor Sie mit der Übertragung beginnen.

Zu den ethischen Praktiken in der Funkkommunikation gehört auch, respektvoll und höflich gegenüber anderen Betreibern zu sein. Vermeiden Sie es, sich über Funk auf Streitigkeiten oder Streitigkeiten einzulassen. Sollte es zu Meinungsverschiedenheiten kommen, lösen Sie diese am besten offline oder wenden Sie sich an einen erfahreneren Betreiber oder einen Radioclub. Denken Sie daran, dass Amateurfunk ein Hobby ist, das Menschen aus allen Gesellschaftsschichten zusammenbringt, und dass ein respektvoller und freundlicher Umgang zu einem positiven Erlebnis für alle Beteiligten beiträgt.

Die regelmäßige Wartung der Geräte ist ein weiterer Aspekt der verantwortungsvollen Nutzung von Funkgeräten. Wenn Sie sicherstellen, dass Ihr Baofeng-Funkgerät und die dazugehörigen Geräte in einwandfreiem Zustand sind, können Sie technische Probleme vermeiden, die Störungen verursachen oder die Kommunikation unterbrechen könnten. Überprüfen Sie regelmäßig Ihre Antenne, Stromanschlüsse und Ihr Mikrofon, um sicherzustellen, dass sie ordnungsgemäß funktionieren. Wenn Sie auf technische Probleme stoßen, beheben Sie diese umgehend und holen Sie sich bei Bedarf Hilfe.

Die Teilnahme an der Amateurfunk-Community ist auch eine wertvolle Möglichkeit, über bewährte Verfahren und Aktualisierungen der Vorschriften auf dem Laufenden zu bleiben. Der Beitritt zu einem örtlichen Amateurfunkclub bietet die Möglichkeit, von erfahreneren Funkern zu lernen, an Schulungen teilzunehmen und über Änderungen der Vorschriften auf dem Laufenden zu bleiben. Vereine organisieren häufig Veranstaltungen wie Feldtage und Wettbewerbe, die Ihnen bei der Entwicklung Ihrer Fähigkeiten und Kenntnisse helfen können. Darüber hinaus bieten viele Clubs Mentoring-Programme für neue Betreiber an, die ihnen Orientierung und Unterstützung bei der Bewältigung der Komplexität des Amateurfunks bieten.

Im Falle eines Notfalls oder einer Naturkatastrophe wird der verantwortungsvolle Umgang mit Funk noch wichtiger. Baofeng-Funkgeräte können eine wichtige Rolle bei der Notfallkommunikation spielen und ein zuverlässiges Kommunikationsmittel bieten, wenn andere Systeme nicht verfügbar sind. Stellen Sie sicher, dass Sie mit den Protokollen und Verfahren für die

Notfallkommunikation vertraut sind. Nehmen Sie an Übungen und Übungen zur Notfallkommunikation teil, um diese Fähigkeiten zu üben. Priorisieren Sie bei einem tatsächlichen Notfall die Notfallkommunikation und vermeiden Sie die Verwendung von Frequenzen, die für den Notfall vorgesehen sind, für nicht unbedingt erforderliche Kommunikation.

Es ist außerdem wichtig, die internationalen Vorschriften zu kennen, wenn Sie planen, Ihr Baofeng-Radio auf Reisen außerhalb der Vereinigten Staaten zu betreiben. Jedes Land hat seine eigenen Vorschriften und Lizenzanforderungen für Amateurfunker. Informieren Sie sich über die Vorschriften des Landes, das Sie besuchen möchten, und holen Sie alle erforderlichen Genehmigungen oder Lizenzen ein, bevor Sie Ihr Radio in Betrieb nehmen. Diese Praxis trägt dazu bei, die Einhaltung lokaler Gesetze sicherzustellen und fördert den guten Willen zwischen Amateurfunkbetreibern weltweit.

Um die Einhaltung von Vorschriften und die Ausübung einer verantwortungsvollen Funknutzung sicherzustellen, müssen Sie die FCC-Vorschriften verstehen und einhalten, eine ordnungsgemäße Identifizierung gewährleisten, angemessene Leistungspegel verwenden, Frequenzdisziplin praktizieren und anderen Betreibern gegenüber respektvoll und höflich sein. Auch die regelmäßige Wartung der Geräte und die Teilnahme an der Amateurfunk-Community tragen zu einem verantwortungsvollen Umgang bei. Wenn Sie diese Richtlinien befolgen, können Sie Ihr Baofeng-Funkgerät legal und ethisch betreiben und so zu einer gut regulierten und positiven Amateurfunkumgebung beitragen.

KAPITEL 8

Fehlerbehebung und Wartung

Häufige Probleme und Lösungen

Die Verwendung eines Baofeng-Radios kann eine äußerst nützliche Fähigkeit sein, insbesondere in Notsituationen oder wenn Sie die Wildnis erkunden. Allerdings können wie bei jeder Technologie auch bei Baofeng-Radios manchmal Probleme auftreten. Wenn Sie häufige Probleme verstehen und wissen, wie Sie sie beheben können, können Sie sicherstellen, dass Ihr Radio auch dann funktionsfähig bleibt, wenn Sie es am meisten benötigen.

Eines der häufigsten Probleme, mit denen Benutzer von Baofeng-Funkgeräten konfrontiert sind, ist die schlechte Sende- oder Empfangsqualität. Dieses

Problem entsteht häufig durch eine falsch angebrachte oder beschädigte Antenne. Überprüfen Sie zur Fehlerbehebung zunächst, ob die Antenne sicher am Radio befestigt ist. Wenn es locker zu sein scheint, ziehen Sie es vorsichtig fest. Untersuchen Sie die Antenne anschließend auf sichtbare Anzeichen von Schäden, wie z. B. Risse oder Biegungen, die ihre Leistung beeinträchtigen könnten. Der Austausch einer beschädigten Antenne durch eine neue kann häufig Übertragungsprobleme beheben. Stellen Sie außerdem sicher, dass Sie die richtige Antenne für den Frequenzbereich verwenden, in dem Sie arbeiten, da die Verwendung der falschen Antenne die Leistung erheblich beeinträchtigen kann.

Ein weiteres häufiges Problem ist, dass sich das Radio nicht einschalten lässt. Dieses Problem lässt sich meist auf die Batterie zurückführen. Überprüfen Sie zunächst, ob die Batterie richtig im Radio sitzt. Wenn es locker ist oder keinen richtigen Kontakt hat, entfernen Sie es und setzen Sie es wieder ein. Wenn sich das Radio immer noch nicht einschalten lässt, versuchen Sie, den Akku aufzuladen. Ein häufiger Fehler besteht darin, von einem vollständig geladenen Akku auszugehen, obwohl dieser tatsächlich leer ist. Schließen Sie den Akku an das Ladegerät an und lassen Sie ihn vollständig aufladen. Wenn das Radio nach dem Aufladen weiterhin nicht reagiert, ist möglicherweise der Akku selbst defekt und muss ausgetauscht werden.

Auch Störungen durch andere elektronische Geräte oder Umwelteinflüsse können zu Problemen mit Ihrem Baofeng-Radio führen. Wenn Sie statische Aufladung, Rauschen oder Schwierigkeiten beim Empfang klarer Signale bemerken, denken Sie über den Standort und die Umgebung nach, in der Sie das Radio verwenden. Elektronische Geräte wie Computer und andere Radios können Signale aussenden, die Ihren Baofeng stören. Durch einen Umzug an einen anderen Ort, entfernt von potenziellen Störquellen, lässt sich das Problem oft lösen. Darüber hinaus kann der Aufenthalt in einem Gebiet mit vielen Metallstrukturen oder dichter Vegetation auch die Signalqualität beeinträchtigen. Versuchen Sie in solchen Fällen, einen offeneren Raum oder eine höhere Lage zu finden, um den Empfang zu verbessern.

Es können auch Programmierprobleme auftreten, insbesondere für Benutzer, die neu im Umgang mit Baofeng-Funkgeräten sind. Wenn Sie feststellen, dass Sie auf bestimmten Frequenzen nicht senden oder empfangen können, liegt das Problem möglicherweise an der Programmierung der Kanäle. Überprüfen Sie noch einmal die Frequenzen und Einstellungen, die Sie im Radio eingegeben haben. Stellen Sie sicher, dass die Frequenzen innerhalb des für Ihre Lizenz zulässigen Bereichs liegen und dass die richtigen Offset- und Toneinstellungen angewendet werden. Wenn Sie sich bei der Programmierung nicht sicher sind, schauen Sie im Handbuch des Radios nach oder verwenden Sie Softwaretools, die für Baofeng-Radios entwickelt wurden, um den Vorgang zu vereinfachen. Softwareprogrammierung kann die Fehlerwahrscheinlichkeit verringern und die Verwaltung mehrerer Frequenzen und Einstellungen erleichtern.

Auch ein defekter Lautsprecher oder ein defektes Mikrofon können Probleme verursachen. Wenn Sie Übertragungen nicht hören können oder andere Sie beim Senden nicht hören können, überprüfen Sie zunächst die Lautstärke. Möglicherweise ist es einfach zu niedrig eingestellt. Überprüfen Sie anschließend den Lautsprecher und das Mikrofon auf Blockaden oder Beschädigungen. In diesen Bereichen können sich Staub und Schmutz ansammeln und die Leistung beeinträchtigen. Reinigen Sie die Lautsprecher- und Mikrofonöffnungen vorsichtig mit einer weichen Bürste oder Druckluft. Wenn das Problem weiterhin besteht, verwenden Sie einen externen Lautsprecher oder ein Mikrofon, um festzustellen, ob das Problem bei den internen Komponenten liegt. Wenn externes Zubehör ordnungsgemäß funktioniert, kann dies ein Hinweis darauf sein, dass eine professionelle Reparatur des internen Lautsprechers oder Mikrofons erforderlich ist.

Die Akkulaufzeit kann ein weiterer Problembereich sein. Wenn Sie feststellen, dass der Akku Ihres Radios schnell leer wird, kann dies mehrere Ursachen haben. Hohe Energieeinstellungen, häufige Übertragungen und das Verlassen des Radios über einen längeren Zeitraum im Standby-Modus können zu einer schnelleren Entladung der Batterie führen. Um die Batterielebensdauer zu verlängern, sollten Sie erwägen, die niedrigste für die Kommunikation erforderliche Leistungseinstellung zu verwenden, die Länge und Häufigkeit der Übertragungen zu reduzieren und das Funkgerät auszuschalten, wenn es nicht verwendet wird. Darüber hinaus kann ein regelmäßiger Wechsel des Akkus durch vollständiges Laden und anschließendes vollständiges Entladen dazu beitragen, seine

Kapazität zu erhalten. Sollte sich die Batterie trotz dieser Maßnahmen weiterhin schnell entladen, ist es möglicherweise an der Zeit, sie durch eine neue zu ersetzen.

Ein weiteres häufiges Problem ist die versehentliche Aktivierung bestimmter Funktionen, die den normalen Betrieb stören können. Beispielsweise ist möglicherweise die Tastatursperrfunktion aktiviert, die Sie daran hindert, Einstellungen zu ändern oder Frequenzen einzugeben. Überprüfen Sie das Display des Radios auf Symbole, die darauf hinweisen, dass die Tastensperre oder andere Funktionen, wie z. B. der VOX-Modus (Voice-Activated Transmission), aktiv sind. Wenn ja, lesen Sie im Benutzerhandbuch nach, um diese Funktionen zu deaktivieren.

Firmware-Probleme sind zwar seltener, können jedoch manchmal zu fehlerhaftem Verhalten bei Baofeng-Radios führen. Firmware ist die interne Software, die die Funktionen des Radios steuert.

Wenn unerklärliche Probleme auftreten, sollten Sie die Aktualisierung der Firmware auf die neueste vom Hersteller bereitgestellte Version in Betracht ziehen. Firmware-Updates können Fehler beheben und die Gesamtleistung des Radios verbessern. Stellen Sie sicher, dass Sie die Anweisungen des Herstellers sorgfältig befolgen, wenn Sie ein Firmware-Update durchführen, um eine Beschädigung des Radios zu vermeiden.

Obwohl Baofeng-Radios robuste und zuverlässige Werkzeuge sind, sind sie nicht vor Problemen gefeit. Wenn Sie die häufigsten Probleme verstehen und wissen, wie Sie sie beheben können, können Sie Zeit und Frustration sparen. Beginnen Sie immer mit den Grundlagen: Überprüfen Sie die Antenne, den Akku und die Programmiereinstellungen. Berücksichtigen Sie Umgebungsfaktoren und mögliche Störquellen. Warten Sie Ihr Radio regelmäßig, indem Sie es sauber halten und die Firmware bei Bedarf aktualisieren. Durch Befolgen dieser Richtlinien können Sie sicherstellen, dass Ihr Baofeng-Radio ein zuverlässiges Kommunikationsmittel bleibt, das jederzeit einsatzbereit ist.

Durchführen routinemäßiger Wartungsprüfungen

Die Durchführung routinemäßiger Wartungsarbeiten an Ihrem Baofeng-Radio ist unerlässlich, um dessen Langlebigkeit und optimale Leistung sicherzustellen. Regelmäßige Kontrollen und Wartung helfen dabei, potenzielle Probleme zu erkennen, bevor sie zu größeren Problemen werden, sodass Sie sich auf Ihr Radio verlassen können, wenn Sie es am meisten brauchen. Hier bieten wir einen umfassenden Leitfaden zur Durchführung routinemäßiger Wartungsarbeiten an Baofeng-Radios, einschließlich einer Checkliste der Wartungsaufgaben und empfohlenen Intervalle.

Zuallererst sollte die Reinigung Ihres Baofeng-Radios ein regelmäßiger Bestandteil Ihrer Wartungsroutine sein. Staub, Schmutz und Dreck können sich auf der Oberfläche des Radios sowie in seinen Tasten und Anschlüssen ansammeln und möglicherweise zu Fehlfunktionen führen. Wischen Sie die Außenseite des Radios mit einem weichen, trockenen Tuch ab. Bei hartnäckigerem Schmutz befeuchten Sie das Tuch leicht mit Wasser, vermeiden Sie jedoch die Verwendung aggressiver Chemikalien oder Lösungsmittel, die die Kunststoff- und Gummikomponenten beschädigen können. Achten Sie besonders auf die Lautsprecher-, Mikrofon- und Tastaturbereiche und stellen Sie sicher, dass sie frei von Schmutz sind, der ihre Funktion beeinträchtigen könnte.

Die Inspektion der Antenne ist eine weitere wichtige Wartungsaufgabe. Die Antenne ist für effektives Senden und Empfangen von entscheidender Bedeutung und jede Beschädigung kann die Leistung des Radios erheblich beeinträchtigen. Überprüfen Sie die Antenne auf sichtbare Verschleißerscheinungen wie Risse, Biegungen oder Ausfransungen. Stellen Sie sicher, dass sie sicher am Radio befestigt ist, da eine lockere Antenne zu einer schlechten Signalqualität führen kann. Wenn Sie Schäden bemerken oder die Antenne nicht richtig sitzt, ersetzen Sie sie durch eine neue, um eine optimale Leistung zu gewährleisten.

Der Akku ist das Lebenselixier Ihres Baofeng-Radios, daher ist es von entscheidender Bedeutung, ihn in gutem Zustand zu halten. Überprüfen Sie die Batterie zunächst regelmäßig auf Anzeichen von Schwellung, Undichtigkeit oder Korrosion. Diese Probleme können darauf hinweisen, dass die Batterie defekt ist und ausgetauscht werden muss. Um die Lebensdauer des Akkus zu verlängern, befolgen Sie eine Laderoutine, die ein Überladen vermeidet. Moderne Akkus, darunter auch die in Baofeng-Radios, sind so konzipiert, dass sie regelmäßig aufgeladen werden können, ohne dass man warten muss, bis sie vollständig entladen sind. Allerdings kann ein gelegentlicher vollständiger Entlade- und

Wiederaufladezyklus dazu beitragen, die Batteriegesundheit zu erhalten. Wenn Ihr Radio über einen längeren Zeitraum nicht verwendet wird, entfernen Sie den Akku und lagern Sie ihn an einem kühlen, trockenen Ort, um eine Verschlechterung zu verhindern.

Eine weitere wichtige Wartungsaufgabe ist die Überprüfung und Reinigung der Anschlüsse. An den Anschlüssen, einschließlich der Anschlüsse für Antenne, Akku und Zubehör, können sich im Laufe der Zeit Schmutz und Korrosion ansammeln, die die Leistung des Radios beeinträchtigen. Reinigen Sie diese Anschlüsse vorsichtig mit einer weichen Bürste oder einer Druckluftdose. Achten Sie darauf, die empfindlichen Stifte und Kontakte nicht zu beschädigen. Bei hartnäckigerer Korrosion können Sie die Kontakte mit einer kleinen Menge Isopropylalkohol auf einem Wattestäbchen reinigen. Stellen Sie jedoch sicher, dass die Anschlüsse vollständig trocken sind, bevor Sie das Radio wieder zusammenbauen.

Auch die Programmierung und Frequenzeinstellungen sollten regelmäßig überprüft werden. Im Laufe der Zeit können Sie je nach Bedarf Kanäle hinzufügen oder entfernen oder die Frequenzeinstellungen ändern. Durch die regelmäßige Überprüfung und Aktualisierung Ihrer programmierten Frequenzen stellen Sie sicher, dass Ihr Radio in jeder Situation immer einsatzbereit ist. Wenn Sie Software zum Programmieren verwenden, schließen Sie Ihr Radio an den Computer an und sichern Sie Ihre aktuellen Einstellungen. Diese Vorgehensweise hält nicht nur die Einstellungen Ihres Radios auf dem aktuellen Stand, sondern bietet auch einen Schutz für den Fall, dass Sie das Radio auf die vorherige Konfiguration zurücksetzen müssen.

Die Audioqualität ist ein weiterer Aspekt, der regelmäßig überprüft werden sollte. Testen Sie regelmäßig den Lautsprecher und das Mikrofon, um sicherzustellen, dass sie ordnungsgemäß funktionieren. Verwenden Sie das Radio, um mit einem anderen Gerät zu kommunizieren, achten Sie auf Klarheit und prüfen Sie, ob Verzerrungen oder statische Störungen vorliegen. Wenn Sie Probleme bemerken, überprüfen Sie die Lautsprecher- und Mikrofonöffnungen auf Verstopfungen und reinigen Sie sie bei Bedarf. Manchmal kann ein externer Lautsprecher oder ein externes Mikrofon dabei helfen, festzustellen, ob das Problem bei den internen Komponenten oder dem Zubehör liegt.

Firmware-Updates sind seltener, aber ebenso wichtig. Hersteller veröffentlichen gelegentlich Firmware-Updates, die Fehler beheben, Funktionen hinzufügen oder die Leistung des Radios verbessern. Suchen Sie auf der Website des Herstellers nach verfügbaren Updates für Ihr Baofeng-Modell. Befolgen Sie beim Aktualisieren der Firmware sorgfältig die bereitgestellten Anweisungen, da falsche Vorgehensweisen dazu führen können, dass das Radio nicht mehr funktionsfähig ist. Durch die regelmäßige

Aktualisierung der Firmware wird sichergestellt, dass Ihr Radio von den neuesten Verbesserungen und Korrekturen profitiert.

Auch der Gürtelclip und sonstiges Zubehör sollten regelmäßig überprüft werden. Stellen Sie sicher, dass der Gürtelclip sicher befestigt ist und keine Risse oder andere Beschädigungen aufweist. Wenn Sie anderes Zubehör verwenden, z. B. ein Lautsprechermikrofon oder ein Programmierkabel, überprüfen Sie es auf Verschleiß und stellen Sie sicher, dass es ordnungsgemäß funktioniert. Beschädigtes Zubehör kann die Gesamtleistung des Radios beeinträchtigen und sollte umgehend ersetzt werden.

Zu den guten Wartungspraktiken gehört auch die ordnungsgemäße Aufbewahrung Ihres Baofeng-Radios, wenn es nicht verwendet wird. Bewahren Sie das Radio in einer Schutzhülle auf, um physische Schäden und die Einwirkung von Staub und Feuchtigkeit zu vermeiden. Lagern Sie das Radio nicht bei extremen Temperaturen, da dies den Akku und die internen Komponenten beschädigen kann. Wenn Sie Ihr Funkgerät in rauen Umgebungen verwenden, sollten Sie zusätzliche Schutzmaßnahmen wie wasserdichte Gehäuse oder Abdeckungen in Betracht ziehen, um es vor Witterungseinflüssen zu schützen.

Das Führen eines Protokolls Ihrer Wartungsaktivitäten kann sehr hilfreich sein. Notieren Sie die Daten und Details Ihrer Inspektionen, Reinigungen und aller auftretenden Probleme. Mithilfe dieses Protokolls können Sie Muster oder wiederkehrende Probleme erkennen und sicherstellen, dass Wartungsaufgaben regelmäßig durchgeführt werden. Es bietet auch einen Verlauf der Wartung Ihres Radios, der nützlich sein kann, wenn Sie in Zukunft komplexere Probleme diagnostizieren müssen.

Regelmäßige Wartung ist unerlässlich, um Ihr Baofeng-Radio in Top-Zustand zu halten.

Regelmäßige Reinigung, Überprüfung der Antenne und Batterie, Überprüfung der Anschlüsse, Aktualisierung der Programmiereinstellungen und Sicherstellung der Audioqualität gehören zu einer umfassenden Wartungsroutine. Indem Sie diese Aufgaben in den empfohlenen Abständen ausführen, können Sie vielen häufigen Problemen vorbeugen und sicherstellen, dass Ihr Radio zuverlässig und einsatzbereit bleibt, wann immer Sie es brauchen. Die ordnungsgemäße Lagerung und das Führen eines Wartungsprotokolls erhöhen die Langlebigkeit und Leistung Ihres Baofeng-Radios zusätzlich und machen es zu einem zuverlässigen Kommunikationsmittel in jeder Situation.

Verlängern Sie die Lebensdauer Ihres Baofeng-Radios

Um die Lebensdauer Ihres Baofeng-Radios zu verlängern, ist eine Kombination aus ordnungsgemäßer Lagerung, sorgfältiger Handhabung und regelmäßiger Pflege erforderlich.

Durch Befolgen dieser Best Practices können Sie sicherstellen, dass Ihr Radio viele Jahre lang funktionsfähig und zuverlässig bleibt.

In erster Linie kann die Art und Weise, wie Sie Ihr Baofeng-Radio aufbewahren, einen erheblichen Einfluss auf dessen Langlebigkeit haben. Bei Nichtgebrauch ist es wichtig, das Radio an einem kühlen, trockenen Ort aufzubewahren. Übermäßige Hitze und Feuchtigkeit können die internen Komponenten beschädigen und den Akku mit der Zeit schwächen. Vermeiden Sie die Lagerung des Radios in direktem Sonnenlicht oder in Umgebungen mit extremen Temperaturschwankungen. Eine Schutzhülle kann eine ausgezeichnete Investition sein, da sie das Radio vor physischen Schäden und Staub und Feuchtigkeit schützt. Dies ist besonders nützlich, wenn Sie das Radio in einer Garage, einem Schuppen oder anderen weniger kontrollierten Umgebungen aufbewahren.

Der sorgfältige Umgang mit Ihrem Baofeng-Radio ist entscheidend für seine Langlebigkeit. Obwohl sie für den rauen Einsatz konzipiert sind, handelt es sich bei diesen Funkgeräten dennoch um elektronische Geräte, die durch unsachgemäße Behandlung beschädigt werden können. Lassen Sie das Radio nicht fallen und setzen Sie es keinen starken Stößen aus, wenn Sie es verwenden. Die internen Schaltkreise und das äußere Gehäuse können durch solche Stöße beschädigt werden, was zu Fehlfunktionen führen kann. Verwenden Sie beim Tragen des Funkgeräts einen stabilen Gürtelclip oder eine Trageschlaufe, um ein versehentliches Herunterfallen zu verhindern. Wenn Sie das Radio transportieren müssen, sollten Sie die Verwendung einer gepolsterten Tasche oder eines Koffers in Betracht ziehen, um es vor Stößen und Erschütterungen zu schützen.

Regelmäßige Reinigung ist ein weiterer wichtiger Aspekt zur Verlängerung der Lebensdauer Ihres Baofeng-Radios. Auf der Außenseite sowie in den

Tasten und Anschlüssen können sich Staub, Schmutz und Dreck ansammeln, was zu Betriebsproblemen führt. Wischen Sie die Oberfläche des Radios regelmäßig mit einem weichen, trockenen Tuch ab. Bei hartnäckigerem Schmutz können Sie das Tuch leicht mit Wasser anfeuchten. Vermeiden Sie jedoch die Verwendung aggressiver Chemikalien oder Lösungsmittel, die die Kunststoff- und Gummikomponenten beschädigen können. Achten Sie besonders auf die Lautsprecher-, Mikrofon- und Tastaturbereiche und stellen Sie sicher, dass sie frei von Schmutz sind, der ihre Funktion beeinträchtigen könnte.

Der Akku ist ein wichtiger Bestandteil Ihres Baofeng-Radios, und Maßnahmen zur Erhaltung seiner Gesundheit können die Gesamtlebensdauer des Geräts erheblich verlängern. Laden Sie zunächst den Akku ordnungsgemäß auf. Moderne Lithium-Ionen-Akkus, wie sie in Baofeng-Radios verwendet werden, müssen vor dem Aufladen nicht vollständig entladen werden. Tatsächlich kann regelmäßiges Laden dazu beitragen, die Batteriegesundheit zu erhalten. Es empfiehlt sich jedoch, gelegentlich einen vollständigen Entlade- und Wiederaufladezyklus durchzuführen, um die Ladeanzeige des Akkus neu zu kalibrieren. Vermeiden Sie ein Überladen des Akkus, da dies zu einer Überhitzung führen und seine Lebensdauer verkürzen kann. Wenn Sie das Radio über einen längeren Zeitraum lagern möchten, entfernen Sie den Akku und lagern Sie ihn separat an einem kühlen, trockenen Ort. Dadurch wird verhindert, dass sich die Batterie mit der Zeit verschlechtert und ausläuft.

Auch routinemäßige Inspektionen und Wartungskontrollen können dazu beitragen, die Lebensdauer Ihres Baofeng-Radios zu verlängern. Überprüfen Sie die Antenne regelmäßig auf Anzeichen von Abnutzung oder Beschädigung, wie z. B. Risse, Biegungen oder Ausfransungen. Eine beschädigte Antenne kann die Leistung des Radios beeinträchtigen und sollte umgehend ersetzt werden. Überprüfen Sie die Anschlüsse auf Schmutz und Korrosion und reinigen Sie sie bei Bedarf mit einer weichen Bürste oder Druckluft. Wenn Sie sicherstellen, dass die Anschlüsse sauber und frei von Korrosion sind, bleibt die Verbindung stabil und es kommt nicht zu Signalverlusten.

Das Aktualisieren der Firmware ist eine weitere wichtige Wartungsaufgabe. Hersteller veröffentlichen gelegentlich Firmware-Updates, um Fehler zu beheben, Funktionen hinzuzufügen oder die Leistung zu verbessern. Überprüfen Sie regelmäßig die Website des Herstellers auf verfügbare Updates für Ihr Baofeng-Modell. Befolgen Sie beim Aktualisieren der Firmware sorgfältig die bereitgestellten Anweisungen, da falsche Vorgehensweisen dazu führen können, dass das Radio nicht mehr funktionsfähig ist. Wenn Sie die Firmware auf dem neuesten Stand halten, stellen Sie sicher, dass Ihr Radio von den neuesten Verbesserungen und Korrekturen profitiert.

Auch die richtige Verwendung von Zubehör kann zur Langlebigkeit Ihres Baofeng-Radios beitragen. Verwenden Sie nur vom Hersteller empfohlenes Zubehör, da Produkte von Drittanbietern möglicherweise nicht die gleichen Qualitätsstandards erfüllen und das Radio möglicherweise beschädigen könnten. Beispielsweise könnte die Verwendung einer schlecht gefertigten externen Antenne den Anschluss des Radios unnötig belasten und zu Schäden führen. Ebenso kann die Verwendung nicht standardmäßiger Akkus oder Ladegeräte zu Überhitzung und anderen Problemen führen.

Der Schutz Ihres Baofeng-Radios vor Umweltgefahren ist eine weitere wichtige Maßnahme. Wenn Sie das Funkgerät unter rauen Bedingungen verwenden, beispielsweise bei Aktivitäten im Freien oder in staubiger Umgebung, sollten Sie zusätzliche Schutzmaßnahmen in Betracht ziehen. Wasserdichte Gehäuse oder Abdeckungen können das Radio vor Feuchtigkeit schützen, während Staubabdeckungen das Eindringen von Partikeln in das Gerät verhindern können. Wenn das Radio nass wird, trocknen Sie es gründlich ab, bevor Sie es erneut verwenden, um innere Schäden zu vermeiden.

Das Führen eines Protokolls Ihrer Wartungsaktivitäten kann sehr hilfreich sein. Notieren Sie die Daten und Details Ihrer Inspektionen, Reinigungen und aller auftretenden Probleme. Mithilfe dieses Protokolls können Sie Muster oder wiederkehrende Probleme erkennen und sicherstellen, dass Wartungsaufgaben regelmäßig durchgeführt werden. Es bietet auch einen Verlauf der Wartung Ihres Radios, der nützlich sein kann, wenn Sie in Zukunft komplexere Probleme diagnostizieren müssen.

Auch der verantwortungsvolle Umgang mit Ihrem Baofeng-Radio innerhalb der vorgesehenen Betriebsparameter ist für seine Langlebigkeit von entscheidender Bedeutung. Vermeiden Sie es, längere Zeit ohne Unterbrechungen zu senden, da dies zu einer Überhitzung des Radios führen kann. Befolgen Sie die Richtlinien des Herstellers für Energieeinstellungen und Nutzungsdauer, um Überhitzung und andere Probleme zu vermeiden. Die Verwendung des Funkgeräts innerhalb der angegebenen Frequenzbereiche und Leistungsgrenzen trägt dazu bei, Schäden an den internen Komponenten zu vermeiden.

Wenn Sie sich über Best Practices informieren und über neue Empfehlungen des Herstellers informiert bleiben, können Sie Ihr Baofeng-Radio optimal nutzen. Treten Sie Benutzergruppen oder Foren bei, in denen Sie von den Erfahrungen anderer Benutzer lernen und Tipps und Ratschläge austauschen können. Wenn Sie mit der Benutzergemeinschaft in Verbindung bleiben, können Sie wertvolle Erkenntnisse gewinnen und Sie über neue Entwicklungen oder Probleme im Zusammenhang mit Ihrem Funkmodell auf dem Laufenden halten.

Um die Lebensdauer Ihres Baofeng-Radios zu verlängern, ist eine Kombination aus ordnungsgemäßer Lagerung, sorgfältiger Handhabung, regelmäßiger Reinigung und routinemäßiger Wartung erforderlich. Durch Befolgen dieser Best Practices können Sie sicherstellen, dass Ihr Radio viele Jahre lang funktionsfähig und zuverlässig bleibt. Die richtige Pflege der Batterie, die Verwendung des empfohlenen Zubehörs, der Schutz vor Umweltgefahren und ein verantwortungsvoller Umgang tragen alle zur Langlebigkeit Ihres Baofeng-Radios bei. Das Führen eines Wartungsprotokolls und die ständige Information über Best Practices erhöhen die Haltbarkeit und Leistung Ihres Geräts zusätzlich und machen es zu einem zuverlässigen Kommunikationsmittel in jeder Situation.

KAPITEL 9

Praktische Übungen und Übungen

Simulation von Notfallsituationen für die Praxis

Das Üben mit Ihrem Baofeng-Funkgerät in simulierten Notfallsituationen ist ein wesentlicher Bestandteil, um sich mit dessen Verwendung vertraut zu machen. Durch die Teilnahme an diesen praktischen Übungen und Übungen können Sie sich auf reale Szenarien vorbereiten, in denen effektive Kommunikation einen erheblichen Unterschied machen kann. Hier finden Sie einige detaillierte Anweisungen und Vorschläge zur Durchführung dieser Simulationen.

Beginnen Sie mit der Einrichtung einer grundlegenden Notfallkommunikationsübung in

Ihrem Zuhause. Dies kann Familienmitglieder oder Mitbewohner einbeziehen, um es realistischer zu gestalten. Weisen Sie zunächst jeder Person eine Rolle zu, z. B. einem Koordinator, einem Helfer oder einer Person, die Hilfe benötigt. Ziel ist es, das Senden und Empfangen klarer Nachrichten unter kontrollierten Bedingungen zu üben. Sie könnten beispielsweise einen Stromausfall simulieren und üben, sich mit anderen abzustimmen, um Vorräte zu besorgen, nach Nachbarn zu sehen und über die Zustände im Haus zu berichten. Stellen Sie sicher, dass jeder weiß, wie er sein Radio einschaltet, die Lautstärke einstellt und die Push-to-Talk-Taste (PTT) effektiv nutzt.

Erweitern Sie als Nächstes die Übung auf Ihre Nachbarschaft oder Gemeinde. Organisieren Sie eine Gruppe von Freunden oder Nachbarn und erklären Sie den Zweck der Übung. Simulieren Sie einen größeren Notfall wie eine Naturkatastrophe. Weisen Sie jedem Teilnehmer unterschiedliche Orte und Aufgaben zu, z. B. das Melden blockierter

Straßen, das Überprüfen älterer Nachbarn oder das Koordinieren eines Treffpunkts. Verwenden Sie Ihre Baofeng-Funkgeräte, um zwischen diesen Standorten zu kommunizieren. Üben Sie dabei die richtige Funketikette und stellen Sie sicher, dass alle Nachrichten klar und prägnant sind. Dies wird Ihnen helfen, die Reichweitenbeschränkungen Ihrer Funkgeräte zu verstehen und zu erfahren, wie Sie Nachrichten weiterleiten, wenn sich jemand außerhalb der direkten Kommunikationsreichweite befindet.

Um Ihre Fähigkeiten weiter zu verbessern, simulieren Sie ein Szenario, in dem ein oder mehrere Teammitglieder verletzt oder eingeklemmt werden. Diese Übung kann komplexere Kommunikationsstrategien beinhalten, wie zum Beispiel die Weiterleitung von Nachrichten über mehrere Funkgeräte oder die Verwendung spezifischer Codes oder Signale, um verschiedene Arten von Notfällen anzuzeigen. Sie können beispielsweise ein Codewort für eine verletzte

Person oder einen bestimmten Kanal für dringende Kommunikation einrichten. Das Üben dieser Szenarien hilft Ihnen, schnelles Denken und Anpassungsfähigkeit zu entwickeln, wichtige Fähigkeiten in tatsächlichen Notfällen.

Eine weitere wertvolle Übung besteht darin, die Kommunikation bei extremen Wetterbedingungen zu simulieren. Wenn es gefahrlos möglich ist, üben Sie die Verwendung Ihrer Baofeng-Radios bei Regen oder Wind. Beachten Sie, wie sich Umweltfaktoren auf Ihre Fähigkeit auswirken, deutlich zu hören und gehört zu werden. Dies wird Ihnen helfen zu verstehen, wie wichtig es ist, langsam und deutlich zu sprechen, das Mikrofon vor Wind zu schützen und bei Bedarf höhere Leistungseinstellungen zu verwenden. Wenn das Üben im Freien nicht möglich ist, verwenden Sie einen Ventilator oder ein anderes Geräusch erzeugendes Gerät im Innenbereich, um Hintergrundgeräusche zu simulieren und die Bewältigung dieser Herausforderungen zu üben.

Integrieren Sie nächtliche Übungen in Ihre Übungsroutine. Der Betrieb eines Radios bei schlechten Lichtverhältnissen erfordert Kenntnisse über den Aufbau und die Funktionen des Geräts. Simulieren Sie einen Stromausfall in der Nacht und üben Sie, Ihr Baofeng-Radio im Dunkeln zu finden und zu verwenden. Dies kann das Üben des Kanalwechsels, das Anpassen der Lautstärke und das Senden klarer Nachrichten ohne die Hilfe visueller Hinweise beinhalten. Die Verwendung einer Stirnlampe oder einer Taschenlampe kann eine praktische Lösung sein, aber wenn Sie bei schlechten Lichtverhältnissen mit dem Radio vertraut sind, sind Sie insgesamt besser vorbereitet.

Üben Sie die Koordination mit örtlichen Rettungsdiensten. Wenden Sie sich an Ihre örtliche Feuerwehr, Polizeistation oder Ihr Notfallmanagementbüro und erkundigen Sie sich, ob dort Gemeinschaftsübungen oder -übungen durchgeführt werden. Die Teilnahme an diesen größeren Übungen kann wertvolle Erkenntnisse darüber liefern, wie professionelle Einsatzkräfte bei Notfällen kommunizieren und koordinieren. Auch wenn eine direkte Teilnahme nicht möglich ist, kann man durch Beobachten und anschließende Fragen noch viel lernen.

Integrieren Sie Navigationsübungen in Ihre Übungen. Üben Sie die Kommunikation mit Ihrem Baofeng-Funkgerät, während Sie sich von einem Ort zum anderen bewegen. Dies kann so einfach sein wie die Navigation durch Ihr Zuhause oder Ihren Garten oder so komplex wie eine Wanderung durch einen örtlichen Park oder ein Naturschutzgebiet. Üben Sie das Geben und Empfangen von Anweisungen, das Beschreiben von Orientierungspunkten und das Melden Ihrer Position. Dies ist besonders nützlich, wenn Sie in einem echten Notfall eine Such- oder Rettungsaktion koordinieren müssen.

Eine weitere praktische Übung ist der Aufbau eines mobilen Gefechtsstandes. Besorgen Sie sich die notwendige Ausrüstung wie zusätzliche Batterien, Antennen und Netzteile und üben Sie den Aufbau eines temporären Kommunikationszentrums. Dies kann in einem Fahrzeug, einem Zelt oder sogar einem dafür vorgesehenen Raum in Ihrem Zuhause sein. Simulieren Sie verschiedene Szenarien, in denen Sie möglicherweise den Kommandoposten verlegen und eine effektive Kommunikation aufrechterhalten müssen. Diese Übung wird Ihnen helfen, die logistischen Herausforderungen beim Aufbau und der Wartung eines zuverlässigen Kommunikationsnetzwerks in verschiedenen Umgebungen zu verstehen.

Nehmen Sie an regelmäßigen Radio-Check-ins teil. Richten Sie eine Routine ein, bei der Sie und Ihre Familie oder Gemeindemitglieder zu festgelegten Zeiten über Ihre Baofeng-Radios miteinander kommunizieren. Abhängig von Ihren Bedürfnissen kann dies eine tägliche oder wöchentliche Übung sein. Durch diese regelmäßigen Kontrollen wird sichergestellt, dass alle Funkgeräte ordnungsgemäß funktionieren und jeder mit der Verwendung vertraut bleibt. Es trägt auch dazu bei, die Gewohnheit zu festigen, Ihr Radio aufgeladen und betriebsbereit zu halten.

Integrieren Sie Rollenspiele in Ihre Übungen. Weisen Sie jedem Teilnehmer unterschiedliche Rollen und Verantwortlichkeiten zu, beispielsweise einen Teamleiter, einen Sanitäter oder einen Logistikkoordinator. Das Durchspielen verschiedener Rollenszenarien kann Ihnen helfen, die unterschiedlichen Kommunikationsbedürfnisse und Herausforderungen zu verstehen, mit denen jede Rolle konfrontiert sein könnte. Beispielsweise muss der Teamleiter möglicherweise mehrere Teams koordinieren, während der Sanitäter möglicherweise bestimmte Vorräte oder Hilfe anfordern muss. Das Üben dieser Rollen trägt dazu bei, ein tieferes Verständnis dafür zu entwickeln, wie man in verschiedenen Situationen effektiv kommuniziert.

Nachbesprechung nach jeder Übung. Versammeln Sie nach Abschluss einer Übung alle Teilnehmer und besprechen Sie, was gut gelaufen ist und was verbessert werden könnte. Diese Feedback-Sitzung ist von entscheidender Bedeutung, um Schwachstellen zu identifizieren und Anpassungen an Ihren Kommunikationsplänen und -praktiken vorzunehmen. Ermutigen Sie alle, ihre Erfahrungen und Vorschläge zu teilen und alle Änderungen oder Verbesserungen zu dokumentieren, die in zukünftigen Übungen umgesetzt werden sollen.

Praktische Übungen und Übungen sind unerlässlich, um sich mit Ihrem Baofeng-Radio vertraut zu machen und sich auf reale Notfälle vorzubereiten. Durch die Simulation verschiedener Szenarien, das Üben unter verschiedenen Bedingungen und die Teilnahme an regelmäßigen Übungen können Sie die Fähigkeiten und das Selbstvertrauen entwickeln, die für eine effektive Kommunikation in Notfällen erforderlich sind. Diese Übungen verbessern nicht nur Ihre technischen Fähigkeiten, sondern verbessern auch Ihre Fähigkeit, kritisch zu denken, sich mit anderen zu koordinieren und unter Druck ruhig zu bleiben. Egal, ob Sie mit Familie, Freunden oder Gemeindemitgliedern üben, diese Übungen sind ein unschätzbar wertvoller Teil Ihrer Notfallvorsorgestrategie.

Durchführung von Reichweitentests und Signalprüfungen

Die Durchführung von Reichweitentests und Signalprüfungen für Ihre Baofeng-Funkgeräte ist wichtig, um sicherzustellen, dass sie insbesondere in kritischen Situationen optimal funktionieren. Wenn Sie die effektive Reichweite Ihrer Funkgeräte kennen und wissen, wie gut sie unter verschiedenen Bedingungen funktionieren, erhalten Sie die Sicherheit und Zuverlässigkeit, die Sie in Notfällen benötigen. Hier finden Sie einen umfassenden

Leitfaden, der Ihnen dabei hilft, diese Tests und Kontrollen effizient durchzuführen.

Beginnen Sie damit, Ihre Ausrüstung zusammenzustellen. Sie benötigen Ihre Baofeng-Funkgeräte, voll aufgeladene Akkus, einen Notizblock zum Aufzeichnen der Ergebnisse und grundlegende Kenntnisse des Geländes, in dem Sie die Tests durchführen. Wählen Sie einen Bereich aus, der verschiedene Umgebungen wie offene Felder, städtische Umgebungen mit Gebäuden und Waldgebiete umfasst, um zu sehen, wie sich unterschiedliche Umgebungen auf die Signalstärke und -reichweite auswirken.

Beginnen Sie mit einer Vorkontrolle im Innenbereich. Stellen Sie bei eingeschalteten beiden Radios ein Radio an einem festen Standort auf und gehen Sie mit dem anderen durch das Haus. Kommunizieren Sie hin und her und notieren Sie dabei alle Bereiche, in denen das Signal abfällt oder schwach wird. Dieser einfache Test hilft Ihnen zu verstehen, wie Wände, Möbel und andere Hindernisse in Innenräumen die Leistung Ihres Radios beeinflussen können. Es ist auch ein guter Zeitpunkt, das Anpassen der Lautstärke und die Verwendung der Squelch-Funktion zum Herausfiltern von Hintergrundgeräuschen zu üben.

Gehen Sie als nächstes ins Freie, um Reichweitentests auf freiem Feld durchzuführen. Platzieren Sie zunächst ein Radio an einem festen Punkt und gehen Sie mit dem anderen davon. Halten Sie alle 100 Meter an und führen Sie eine Signalprüfung durch, indem Sie eine Nachricht senden und die Klarheit des Empfangs notieren. Notieren Sie unbedingt die Entfernung und die Qualität des Signals in Ihrem Notizblock. Dies hilft Ihnen, die maximale effektive Reichweite Ihrer Funkgeräte unter idealen, ungehinderten Bedingungen zu erreichen.

Bewegen Sie sich nach dem Testen auf freiem Feld in eine städtische Umgebung mit Gebäuden und anderen Strukturen. In städtischen Gebieten kann die Funkleistung aufgrund von Wänden, Metallstrukturen und elektronischen Störungen erheblich beeinträchtigt werden. Wiederholen Sie den Reichweitentest und halten Sie in regelmäßigen Abständen an, um Signalprüfungen durchzuführen. Beachten Sie etwaige Unterschiede in der Signalstärke und -klarheit im Vergleich zu den Freifeldtests. Diese Informationen sind entscheidend, um zu verstehen, wie Ihre Radios in einer städtischen Umgebung funktionieren.

Begeben Sie sich für den nächsten Test in ein Waldgebiet oder an einen Ort mit dichter Vegetation. Auch Bäume und Laub können die Signalübertragung beeinträchtigen. Führen Sie die gleichen Reichweitentests durch, indem Sie sich vom festen Funkpunkt entfernen und in regelmäßigen Abständen anhalten, um das Signal zu überprüfen. Achten Sie darauf, wie sich die natürliche Umgebung auf die Leistung Ihres Radios auswirkt, und notieren Sie Ihre Ergebnisse. Dies hilft Ihnen, sich auf Situationen vorzubereiten, in denen Sie möglicherweise in Wäldern oder ländlichen Gebieten kommunizieren müssen.

Testen Sie Ihre Funkgeräte außerdem nach Möglichkeit in hügeligem oder bergigem Gelände. Höhenunterschiede können die Signalreichweite und -qualität beeinträchtigen. Führen Sie Ihre Reichweitentests sowohl bergauf als auch bergab durch und achten Sie auf etwaige Leistungsunterschiede. Wenn Sie verstehen, wie Ihre Funkgeräte in unterschiedlichen Topografien funktionieren, erhalten Sie einen umfassenden Überblick über ihre Fähigkeiten.

Experimentieren Sie während der Durchführung dieser Tests mit verschiedenen Leistungseinstellungen Ihrer Baofeng-Radios. Bei den meisten Modellen können Sie zwischen Niedrig- und Hochleistungsmodus wechseln. Verwenden Sie die Einstellung „Niedrige Leistung" für die Kommunikation im Nahbereich, um die

Akkulaufzeit zu verlängern, und schalten Sie für größere Entfernungen auf „Hohe Leistung" um. Beachten Sie, wie sich eine Änderung der Leistungseinstellungen während Ihrer Tests auf die Reichweite und die Signalklarheit auswirkt.

Planen Sie Signalkontrollen zu verschiedenen Tageszeiten ein. Umgebungsbedingungen wie Wetter und Tageszeit können die Funkleistung beeinträchtigen. Führen Sie morgens, nachmittags und abends Tests durch, um festzustellen, ob es Schwankungen in der Signalstärke gibt. Beispielsweise kann die Signalausbreitung bei kühleren Temperaturen am Morgen anders sein als bei der Hitze am Nachmittag.

Vergessen Sie nicht, verschiedene Frequenzen und Kanäle zu testen. Baofeng-Radios können auf mehreren Frequenzbändern betrieben werden, darunter VHF (Very High Frequency) und UHF (Ultra High Frequency). Führen Sie Ihre Reichweitentests mit beiden Frequenzbändern durch, um festzustellen, welches in verschiedenen Umgebungen die bessere Leistung bietet. VHF-Signale funktionieren in der Regel besser in offenen Bereichen, während UHF-Signale Gebäude und dichte Vegetation effektiver durchdringen können.

Um Ihre Reichweitentests zu verbessern, beziehen Sie einen Freund oder ein Familienmitglied mit ein. Lassen Sie eine Person beim festen Funkgerät bleiben, während die andere die Tests durchführt. Dadurch wird die Kommunikation einfacher und effizienter. Stellen Sie sicher, dass Sie bei Ihren Signalprüfungen eine klare und prägnante Sprache verwenden, um die Qualität der Übertragung genau beurteilen zu können.

Integrieren Sie auch mobile Tests. Wenn Sie Zugang zu einem Fahrzeug haben, führen Sie während der Fahrt Reichweitentests durch. Dadurch werden Szenarien simuliert, in denen Sie möglicherweise unterwegs kommunizieren müssen.

Fahren Sie vom festen Funkpunkt weg und halten Sie in regelmäßigen Abständen an, um das Signal zu überprüfen. Zeichnen Sie die Entfernungen und die Qualität der Kommunikation auf, um zu verstehen, wie Ihre Funkgeräte in einer mobilen Umgebung funktionieren.

Führen Sie neben Reichweitentests auch Signalprüfungen unter verschiedenen Wetterbedingungen durch. Regen, Schnee und Nebel können die Funkleistung beeinträchtigen. Führen Sie nach Möglichkeit Tests bei verschiedenen Wetterszenarien durch, um zu sehen, wie Ihre Funkgeräte mit diesen Bedingungen umgehen. Dies hilft Ihnen, sich auf die Kommunikation in widrigen Wettersituationen vorzubereiten.

Für eine umfassende Beurteilung testen Sie Ihre Funkgeräte mit verschiedenen Antennen. Baofeng-Radios werden normalerweise mit einer Standardantenne geliefert, ein Upgrade auf eine

Antenne mit höherem Gewinn kann jedoch die Leistung verbessern. Führen Sie Ihre Reichweitentests sowohl mit der Standardantenne als auch mit der aufgerüsteten Antenne durch, um die Ergebnisse zu vergleichen. Dies hilft Ihnen bei der Entscheidung, ob sich die Investition in eine bessere Antenne für Ihre Bedürfnisse lohnt.

Dokumentieren Sie alle Ihre Erkenntnisse organisiert. Erstellen Sie ein Diagramm oder eine Tabelle, die die Testumgebung, die Entfernung, die Signalqualität, die Leistungseinstellung, das Frequenzband und alle anderen relevanten Details enthält. Diese Dokumentation dient als wertvolle Referenz zum Verständnis der Fähigkeiten und Einschränkungen Ihrer Baofeng-Funkgeräte.

Überprüfen Sie nach Abschluss Ihrer Tests die Daten, um Muster und Erkenntnisse zu identifizieren. Bestimmen Sie die maximale effektive Reichweite Ihrer Funkgeräte in verschiedenen Umgebungen und notieren Sie alle

Faktoren, die sich dauerhaft auf die Leistung auswirken. Nutzen Sie diese Informationen, um Ihre Kommunikationspläne und -strategien zu optimieren.

Wiederholen Sie diese Tests regelmäßig, um sicherzustellen, dass Ihre Funkgeräte weiterhin optimal funktionieren. Im Laufe der Zeit können Faktoren wie der Zustand der Batterie und der Antennenverschleiß die Leistung beeinträchtigen. Regelmäßige Tests helfen Ihnen, vorbereitet zu bleiben und sich auf die Fähigkeiten Ihres Funkgeräts verlassen zu können.

Durch die Durchführung gründlicher Reichweitentests und Signalprüfungen können Sie sicherstellen, dass Ihre Baofeng-Funkgeräte optimal funktionieren und wissen, wie Sie sie in verschiedenen Szenarien am besten einsetzen. Dieses Wissen ist für die Aufrechterhaltung einer zuverlässigen Kommunikation in Notfällen und anderen kritischen Situationen von unschätzbarem Wert.

Teamkoordinations- und Kommunikationsübungen

Effektive Teamkoordination und Kommunikation sind wichtige Fähigkeiten für jede Gruppe, die auf Baofeng-Funkgeräte angewiesen ist, insbesondere in Notfällen oder bei Überlebensszenarien. Das Üben dieser Fähigkeiten durch gut konzipierte Übungen kann dazu beitragen, dass Teammitglieder unter Druck klar und effizient kommunizieren können. Hier sind einige Übungen zur Verbesserung der Teamkoordination und Kommunikation mithilfe von Baofeng-Funkgeräten.

Beginnen Sie damit, allen Teammitgliedern die Grundprinzipien der Funkkommunikation vorzustellen. Dazu gehört das Verständnis für die Bedeutung einer klaren, prägnanten Sprache, der richtigen Funketikette und der Verwendung von Rufzeichen, um zu erkennen, wer spricht. Stellen

Sie sicher, dass jeder mit den Bedienelementen und Grundfunktionen des Radios vertraut ist, z. B. Senden, Empfangen und Einstellen von Lautstärke und Rauschsperre.

Beginnen Sie mit einer einfachen Kommunikations-Relay-Übung. Positionieren Sie Teammitglieder in regelmäßigen Abständen entlang einer vorgegebenen Route, beispielsweise einem Wanderweg oder einer Reihe von Kontrollpunkten in einem Park. Die erste Person sendet eine Nachricht an die nächste Person, die sie dann an die folgende Person weiterleitet und so weiter. Die letzte Person in der Kette meldet sich mit der Nachricht am Ausgangspunkt zurück. Diese Übung unterstreicht die Bedeutung einer klaren Kommunikation und hilft Teammitgliedern, das korrekte Weitergeben von Nachrichten zu üben.

Gehen Sie als Nächstes zu einer Koordinationsübung über, bei der es um eine Schnitzeljagd geht. Teilen Sie das Team in Paare oder kleine Gruppen mit jeweils einem Baofeng-Radio auf. Stellen Sie jeder Gruppe eine Liste mit Gegenständen zur Verfügung, die in einem bestimmten Bereich zu finden sind. Gruppen müssen miteinander kommunizieren, um ihre Erkenntnisse auszutauschen und ihre Bemühungen zu koordinieren. Diese Übung fördert die Teamarbeit und stellt sicher, dass alle miteinander verbunden bleiben und sich über den Fortschritt der Gruppe im Klaren sind.

Integrieren Sie eine szenariobasierte Übung, beispielsweise eine simulierte Such- und Rettungsaktion. Erstellen Sie ein Szenario, in dem eine „verlorene" Person in einem bestimmten Bereich gefunden werden muss. Weisen Sie Teammitgliedern Rollen zu, z. B. Suchende, Koordinatoren und einen Basisbefehl. Die Suchenden melden ihre Funde und Standorte an das Basiskommando zurück, das dann die gesamten Suchbemühungen koordiniert. Diese Übung betont die Bedeutung einer klaren, hierarchischen

Kommunikation und eines effizienten Informationsaustauschs.

Eine weitere wertvolle Übung ist die Hindernisparcoursübung. Bauen Sie einen Hindernisparcours mit verschiedenen körperlichen und geistigen Herausforderungen auf. Teilen Sie das Team in zwei Gruppen auf: Eine Gruppe navigiert durch die Strecke, während die andere per Funk Anleitung und Unterstützung bietet. Die Kursgruppe beschreibt Hindernisse und deren Fortschritt, während die Selbsthilfegruppe Anweisungen und Lösungen anbietet. Diese Übung verstärkt das Bedürfnis nach präziser Kommunikation und aktivem Zuhören.

Führen Sie für eine fortgeschrittenere Übung eine simulierte Notevakuierungsübung durch. Erstellen Sie ein Szenario, in dem das Team ein Gebäude oder einen Bereich aufgrund einer Gefahr, beispielsweise eines Brandes oder einer Naturkatastrophe, evakuieren muss. Weisen Sie verschiedene Rollen zu, z. B. Teamleiter, Sicherheitsbeauftragter und einzelne Gruppenleiter. Die Teammitglieder müssen ihre Funkgeräte verwenden, um die Evakuierung zu koordinieren und sicherzustellen, dass alle einen sicheren Ort erreichen. Bei dieser Übung wird die Fähigkeit des Teams getestet, mit Stress umzugehen und unter Druck eine klare Kommunikation aufrechtzuerhalten.

Integrieren Sie Nachtübungen, um die Kommunikation bei schlechten Sichtverhältnissen zu üben. Führen Sie eine Navigationsübung in einer dunklen oder schwach beleuchteten Umgebung durch, in der sich die Teammitglieder gegenseitig auf ihre Funkgeräte leiten müssen. Diese Übung trägt dazu bei, die verbalen Kommunikationsfähigkeiten zu verbessern und Vertrauen unter den Teammitgliedern aufzubauen, da diese ihre Umgebung und Bewegungen genau beschreiben müssen.

Auch ein Rollenspielszenario kann wirkungsvoll sein. Erstellen Sie eine simulierte Notfallsituation, beispielsweise eine Naturkatastrophe oder eine feindliche Begegnung. Weisen Sie jedem Teammitglied bestimmte Rollen zu, z. B. Ersthelfer, medizinisches Personal und Sicherheit. Jede Rolle hat unterschiedliche Verantwortlichkeiten und muss effektiv mit anderen kommunizieren, um die Situation zu bewältigen. Diese Übung hilft den Teammitgliedern, die Bedeutung ihrer Rollen und die Notwendigkeit koordinierter Bemühungen zu verstehen.

Integrieren Sie zeitkritische Aufgaben in Ihre Übungen. Stellen Sie beispielsweise eine Herausforderung auf, bei der das Team innerhalb eines begrenzten Zeitrahmens eine Reihe von Aufgaben erledigen muss, beispielsweise die Einrichtung einer Notunterkunft oder die Zusammenstellung von Notvorräten. Teammitglieder müssen ihre Funkgeräte verwenden, um ihre Aktionen zu koordinieren und sicherzustellen, dass alle Aufgaben effizient erledigt werden. Diese Übung betont die Notwendigkeit einer schnellen, effektiven Kommunikation und Entscheidungsfindung.

Ein Staffellauf kann auch für Funkkommunikationsübungen adaptiert werden. Erstellen Sie einen Kurs mit mehreren Kontrollpunkten, von denen jeder von einem Teammitglied besetzt ist. Die Teams müssen Informationen und Anweisungen per Funk von einem Kontrollpunkt zum nächsten weitergeben. Diese Übung fördert eine präzise und zeitnahe Kommunikation sowie Teamarbeit und Koordination.

Erstellen Sie für eine strategische Planungsübung ein Szenario, bei dem das Team einen detaillierten Kommunikationsplan entwickeln und umsetzen muss. Stellen Sie eine Situation vor, beispielsweise eine mehrtägige Expedition oder eine komplexe Rettungsaktion, und lassen Sie das Team einen Plan entwerfen, in dem Rollen, Kommunikationsprotokolle und Notfallmaßnahmen dargelegt werden. Sobald der Plan vorliegt, simulieren Sie das Szenario und lassen Sie das Team seinen Plan ausführen und bei Bedarf auf der Grundlage der Echtzeitkommunikation anpassen.

Um den Realismus Ihrer Übungen zu verbessern, verwenden Sie Requisiten und simulierte Hindernisse. Verwenden Sie beispielsweise tragbare Barrieren, um simulierte Wände und Hindernisse zu erstellen, oder verwenden Sie visuelle Hilfsmittel, um Gefahren und Ziele darzustellen. Diese Ergänzungen machen die Übungen ansprechender und helfen den Teammitgliedern, das Navigieren und Kommunizieren in realistischen Szenarien zu üben.

Regelmäßige Nachbesprechungen nach jeder Übung, um zu besprechen, was gut funktioniert hat und was verbessert werden könnte. Ermutigen Sie die Teammitglieder, ihre Erfahrungen und

Erkenntnisse auszutauschen, und konzentrieren Sie sich dabei auf Bereiche, in denen die Kommunikation zusammengebrochen ist oder verbessert werden könnte. Diese Feedbackschleife ist entscheidend für die kontinuierliche Verbesserung und trägt zum Aufbau eines stärkeren, kohärenteren Teams bei.

Stellen Sie sicher, dass alle Übungen in einer sicheren und kontrollierten Umgebung durchgeführt werden. Auch wenn es wichtig ist, realistische Szenarien zu simulieren, sollte die Sicherheit immer oberste Priorität haben. Überwachen Sie die Übungen genau und seien Sie darauf vorbereitet, einzugreifen, wenn Probleme auftreten.

Tauschen Sie die Führungsrollen während der Übungen aus, um allen Teammitgliedern Erfahrung in unterschiedlichen Positionen zu vermitteln. Dies hilft jedem, die Herausforderungen und Verantwortlichkeiten zu verstehen, die mit jeder

Rolle verbunden sind, und fördert Empathie und eine bessere Zusammenarbeit.

Integrieren Sie regelmäßige Übungseinheiten in die Routine Ihres Teams. Durch konsequentes Üben werden die Fähigkeiten gestärkt und die Teammitglieder mit ihren Funkgeräten und Kommunikationsprotokollen vertraut gemacht. Außerdem wird das Muskelgedächtnis gestärkt, sodass das Team im Ernstfall schnell und effektiv reagieren kann.

Ermutigen Sie die Teammitglieder, ihre Funkkenntnisse durch die Teilnahme an lokalen Amateurfunkclubs oder Notfallkommunikationsgruppen auf dem neuesten Stand zu halten. Diese Organisationen führen häufig regelmäßige Übungen durch und bieten zusätzliche Schulungsmöglichkeiten an.

Effektive Teamkoordination und Kommunikation sind für jede Gruppe, die sich auf

Baofeng-Funkgeräte verlässt, von entscheidender Bedeutung, insbesondere in Situationen, in denen viel auf dem Spiel steht. Durch regelmäßiges Üben dieser Übungen und Übungen können Teammitglieder die Fähigkeiten und das Selbstvertrauen entwickeln, die für eine klare und effiziente Kommunikation erforderlich sind, und so sicherstellen, dass sie auf jedes auftretende Szenario vorbereitet sind.

KAPITEL 10

Über die Grundlagen hinaus: Fortgeschrittene Techniken und Ressourcen

Verwendung von Cross-Band-Repeatern und APRS

Crossband-Repeater und das Automatic Packet Reporting System (APRS) sind fortschrittliche Techniken, die die Funktionalität und Reichweite von Baofeng-Funkgeräten erheblich verbessern können. Das Verstehen und Verwenden dieser Tools kann zusätzliche Kommunikationsebenen bieten und sie sowohl für Bastler als auch für Enthusiasten der Notfallvorsorge von unschätzbarem Wert machen.

Crossband-Repeater sind eine Methode zur Erweiterung der Reichweite Ihrer Funkkommunikation, indem ein zweites Funkgerät verwendet wird, um ein Signal auf einer Frequenz zu empfangen und auf einer anderen weiterzusenden. Dies ist besonders nützlich in Szenarien, in denen eine direkte Kommunikation zwischen zwei Funkgeräten aufgrund der Entfernung oder von Hindernissen wie Gebäuden oder Gelände nicht möglich ist. Um einen Crossband-Repeater einzurichten, benötigen Sie ein Dualband-Radio, das diese Funktion unterstützt, die viele High-End-Modelle unterstützen.

Wählen Sie zunächst zwei Frequenzen aus: eine für den Eingang und eine für den Ausgang. Die Eingangsfrequenz ist diejenige, auf der Ihr tragbares Baofeng-Radio sendet, und die Ausgangsfrequenz ist diejenige, auf der der Crossband-Repeater erneut sendet. Stellen Sie sicher, dass diese Frequenzen innerhalb der gesetzlich zulässigen Frequenzbereiche Ihrer Lizenz liegen und frei von

Störungen sind. Platzieren Sie den Crossband-Repeater an einem Ort, an dem er eine klare Sichtlinie zu Ihren sendenden und empfangenden Funkgeräten hat. Dieser Aufbau schafft effektiv eine Brücke, die es Ihrem Baofeng-Radio ermöglicht, über viel größere Entfernungen zu kommunizieren, als es allein möglich wäre.

Sobald Ihre Frequenzen eingestellt sind, konfigurieren Sie Ihr Crossband-Repeater-Radio so, dass es auf der Eingangsfrequenz empfängt und auf der Ausgangsfrequenz sendet. Stellen Sie sicher, dass beide Funkgeräte die gleichen CTCSS- oder DCS-Töne verwenden, wenn Sie diese Datenschutzfunktionen verwenden. Testen Sie die Einrichtung, indem Sie von Ihrem Baofeng-Radio aus senden und auf das wiederholte Signal eines anderen Radios achten. Wenn die Einrichtung korrekt ist, sollten Sie die Wiederholung Ihrer Übertragung hören können, wodurch sich Ihre Kommunikationsreichweite vergrößert.

Das Automatic Packet Reporting System (APRS) ist eine weitere fortschrittliche Technik, die GPS-Daten mit Funkkommunikation kombiniert, um Echtzeitinformationen über den Standort und Status von Funkern bereitzustellen. APRS kann zur Verfolgung der Position von Teammitgliedern bei Outdoor-Aktivitäten, zur Koordinierung von Such- und Rettungseinsätzen oder sogar zum Versenden von Kurznachrichten verwendet werden. Um APRS mit einem Baofeng-Funkgerät nutzen zu können, benötigen Sie zusätzliche Ausrüstung wie einen GPS-Empfänger und einen Terminal Node Controller (TNC), der das Funkgerät mit dem GPS verbindet.

Schließen Sie zunächst Ihren GPS-Empfänger an den TNC an. Der TNC wandelt die GPS-Daten in ein Format um, das über Funk übertragen werden kann. Als nächstes verbinden Sie den TNC mit den entsprechenden Kabeln mit Ihrem Baofeng-Radio. Konfigurieren Sie den TNC so, dass er die

GPS-Daten in regelmäßigen Abständen sendet. Dies erfolgt in der Regel über eine Softwareschnittstelle auf Ihrem Computer, über die Sie Parameter wie das Intervall zwischen Positionsmeldungen und die Häufigkeit der Datenübertragung festlegen können.

Wählen Sie eine Frequenz für Ihre APRS-Übertragungen. In den Vereinigten Staaten beträgt die Standard-APRS-Frequenz 144,390 MHz. Stellen Sie sicher, dass Ihr Funkgerät auf diese Frequenz eingestellt und für die Übertragung der APRS-Daten vom TNC programmiert ist. Wenn alles richtig eingerichtet ist, wird Ihr GPS-Standort über Funk übertragen und kann von anderen APRS-fähigen Funkgeräten oder Internet-Gateways empfangen werden, die die Daten auf Online-Karten veröffentlichen.

Die praktischen Anwendungen von Crossband-Repeatern und APRS sind zahlreich. Beispielsweise kann bei einer groß angelegten Such- und Rettungsaktion ein Cross-Band-Repeater dafür sorgen, dass alle Teammitglieder miteinander kommunizieren, auch wenn sie über ein weites Gebiet verteilt sind. APRS kann den Standort jedes Teammitglieds in Echtzeit verfolgen, was für die Koordinierung der Bemühungen und die Gewährleistung der Sicherheit aller von unschätzbarem Wert ist. In Katastrophenszenarien können diese Tools dazu beitragen, die Kommunikation aufrechtzuerhalten, wenn die traditionelle Infrastruktur beeinträchtigt ist.

Für den täglichen Gebrauch können Crossband-Repeater das Erlebnis von Amateurfunkern verbessern, indem sie ihnen die Teilnahme an Netzen oder Gesprächen ermöglichen, die sonst außerhalb der Reichweite ihres Funkgeräts liegen würden. APRS kann für eine Vielzahl von Anwendungen eingesetzt werden, von der Verfolgung der Position einer Wandergruppe bis hin zum Aufbau von Wetterstationen, die Umweltdaten über Funkwellen übertragen.

Um mit diesen fortschrittlichen Techniken zu beginnen, sollten Sie die Investition in ein High-End-Radio in Betracht ziehen, das Cross-Band-Repeating und einen TNC für APRS unterstützt. Viele Amateurfunk-Communities und -Clubs bieten Ressourcen und Unterstützung zum Erlernen dieser Technologien an, darunter Online-Foren, lokale Treffen und Schulungen. Die Nutzung dieser Ressourcen kann Ihnen helfen, die technischen Aspekte und Best Practices für die Einrichtung und Verwendung von Crossband-Repeatern und APRS zu verstehen.

Regelmäßiges Üben und Experimentieren sind der Schlüssel zur Beherrschung dieser fortgeschrittenen Techniken. Richten Sie regelmäßige Übungen ein, um Ihr Cross-Band-Repeater-Setup zu testen, und stellen Sie sicher, dass alle Teammitglieder wissen, wie sie es effektiv nutzen können. Üben Sie in ähnlicher Weise die Verwendung von APRS in verschiedenen Szenarien, um seine Fähigkeiten und Einschränkungen zu verstehen. Achten Sie auch auf die Wartung Ihrer Ausrüstung. Stellen Sie sicher, dass Ihre Radios, TNC- und GPS-Empfänger in gutem Zustand sind und dass alle Kabel und Verbindungen sicher sind.

Halten Sie sich bei der Verwendung dieser fortschrittlichen Techniken stets an die gesetzlichen und behördlichen Anforderungen. Stellen Sie sicher, dass Sie innerhalb der von Ihrer Lizenz zugelassenen Frequenzbänder arbeiten und dass Sie alle Richtlinien der FCC oder der zuständigen Behörde in Ihrem Land befolgen. Der verantwortungsvolle Einsatz von Crossband-Repeatern und APRS stellt nicht nur die Einhaltung sicher, sondern fördert auch bewährte Praktiken innerhalb der Funkgemeinschaft.

Crossband-Repeater und APRS sind leistungsstarke Tools, die die Fähigkeiten Ihres Baofeng-Radios erheblich verbessern können. Indem Sie die Prinzipien hinter diesen Technologien verstehen und ihren Einsatz üben, können Sie Ihre

Kommunikationsreichweite erweitern, die Koordination bei Teamaktivitäten verbessern und eine effektive Kommunikation in einer Vielzahl von Szenarien sicherstellen. Ganz gleich, ob Sie ein Bastler sind, der neue Facetten der Funkkommunikation erkunden möchte, oder ein Bereitschaftsbegeisterter auf der Suche nach zuverlässigen Kommunikationsoptionen sind, diese fortschrittlichen Techniken bieten spannende Möglichkeiten.

Erkundung digitaler Modi und Paketfunk

Digitale Modi und Paketfunk stellen eine spannende Grenze in der Amateurfunkkommunikation dar, da sie neue Methoden zur Datenübertragung bieten und die Fähigkeiten Ihres Baofeng-Funkgeräts erweitern. Das Verständnis dieser fortschrittlichen Kommunikationstechniken kann Ihr Funkerlebnis verbessern und Ihnen die Übertragung von Text, Bildern und anderen Daten über Funk ermöglichen.

Digitale Modi beziehen sich auf Methoden zum Kodieren und Übertragen von Daten mithilfe digitaler Signale anstelle herkömmlicher analoger Methoden. Dies ermöglicht eine effizientere Nutzung des Funkspektrums und die Möglichkeit, verschiedene Arten von Daten wie Textnachrichten, Bilder und sogar Dateien zu senden. Einer der beliebtesten digitalen Modi ist Frequency Shift Keying (FSK), das die Frequenz des Trägersignals verschiebt, um Daten darzustellen. Ein weiterer gängiger Modus ist die Phasenumtastung (Phase Shift Keying, PSK), die die Phase des Trägersignals ändert. Diese digitalen Modi können mit Ihrem Baofeng-Radio verwendet werden, indem Sie es an einen Computer anschließen, auf dem die entsprechende Software läuft.

Um digitale Modi auf Ihrem Baofeng-Radio einzurichten, benötigen Sie ein Schnittstellengerät, um Ihr Radio mit Ihrem Computer zu verbinden. Dieses Gerät wandelt die digitalen Signale Ihres Computers in Audiosignale um, die Ihr Radio übertragen kann, und umgekehrt. Sobald Sie über diese Schnittstelle verfügen, installieren Sie die Digitalmodus-Software auf Ihrem Computer. Zu den beliebten Optionen gehören FLDIGI und Ham Radio Deluxe, die eine breite Palette digitaler Modi unterstützen. Konfigurieren Sie die Software, indem Sie die richtigen Audio-Ein- und Ausgabegeräte auswählen, die normalerweise der Schnittstelle entsprechen, die Sie an Ihr Radio angeschlossen haben.

Stellen Sie Ihr Baofeng-Radio nach dem Einrichten der Software auf eine Frequenz ein, auf der häufig Übertragungen im digitalen Modus verwendet werden. Die Frequenzen im Digitalmodus variieren je nach Band, in dem Sie arbeiten. Konsultieren Sie daher die Bandpläne und die örtlichen Gepflogenheiten, um die richtige Frequenz zu finden. Nach der Abstimmung verwenden Sie die Software, um ein digitales Signal zu erzeugen. Sie können beispielsweise eine Nachricht in das Texteingabefeld der Software eingeben und die

Software wandelt diese in eine Reihe von Tönen um, die Ihr Radio sendet. Wenn Ihr Radio digitale Signale empfängt, dekodiert die Software diese und zeigt den empfangenen Text oder die empfangenen Daten auf Ihrem Computerbildschirm an.

Packet Radio ist eine Art digitaler Modus, der speziell für die Übertragung von Datenpaketen über Funkwellen entwickelt wurde. Es verwendet das AX.25-Protokoll, das den Protokollen ähnelt, die für die Datenübertragung im Internet verwendet werden. Packet Radio ermöglicht die Übertragung von Textnachrichten, Dateiübertragungen und in einigen Setups sogar eine Internetverbindung. Um Packet Radio mit Ihrem Baofeng-Radio zu verwenden, benötigen Sie einen Terminal Node Controller (TNC) oder einen Computer mit Software, die einen TNC emuliert.

Zum Einrichten von Packet Radio müssen Sie Ihren TNC mit Ihrem Baofeng-Radio und Ihrem Computer verbinden. Der TNC wandelt die digitalen Daten Ihres Computers in Audiosignale um, die Ihr Radio übertragen kann. Zu den beliebten TNCs gehören der Kantronics KPC-3+ und der MFJ-1270C. Wenn Sie eine Softwarelösung bevorzugen, können Programme wie Direwolf einen TNC über die Soundkarte Ihres Computers emulieren. Konfigurieren Sie den TNC oder die Software so, dass sie zu den Audioeingangs- und -ausgangseinstellungen Ihres Radios passen.

Sobald alles angeschlossen und konfiguriert ist, wählen Sie eine für Packet Radio vorgesehene Frequenz aus. Die Frequenzen für Paketfunk variieren je nach Region, aber 145,010 MHz ist in vielen Gebieten eine übliche Frequenz für UKW-Paketfunk. Verwenden Sie Ihre Packet-Radio-Software, um eine Nachricht zu verfassen oder eine Datei zur Übertragung auszuwählen. Die Software zerlegt die Daten in Pakete und sendet sie drahtlos. Wenn Ihr Funkgerät Pakete empfängt, setzt der TNC oder die Software diese wieder zusammen und zeigt die Nachricht oder Datei auf Ihrem Computer an.

Paketfunk eignet sich besonders für die Notfallkommunikation, da es auch unter schlechten Bedingungen eine zuverlässige Datenübertragung ermöglicht. Es kann verwendet werden, um Nachrichten an andere Funkbetreiber zu senden, Dateien zu übertragen oder eine Verbindung zu Paketradio-Bulletin-Board-Systemen (BBS) herzustellen. Diese BBS verhalten sich wie herkömmliche Internet-Messageboards und ermöglichen Benutzern das asynchrone Posten und Lesen von Nachrichten. Packet Radio kann auch mit dem Automatic Packet Reporting System (APRS) verbunden werden und ermöglicht so Echtzeitverfolgung und Nachrichtenübermittlung.

Eine der spannenden Anwendungen digitaler Modi und Paketfunk ist ihre Integration in das Internet. Durch die Verbindung mit einem Internet-Gateway, einem sogenannten Internet Linking Node (ILN), können Sie Ihre Funkkommunikation über die Reichweite herkömmlicher Funkwellen hinaus erweitern. Diese Knoten leiten Funksignale über das Internet weiter und ermöglichen Ihnen die Kommunikation mit Funkbetreibern weltweit. Programme wie EchoLink und IRLP erleichtern diese Konnektivität, indem sie Radios mit dem Internet verbinden und so die Teilnahme an Netzen und Gesprächen weit über Ihren lokalen Bereich hinaus ermöglichen.

Um EchoLink mit Ihrem Baofeng-Radio zu verwenden, registrieren Sie sich für ein EchoLink-Konto und laden Sie die EchoLink-Software herunter. Verbinden Sie Ihr Radio über eine Schnittstelle mit Ihrem Computer, ähnlich wie bei der Einrichtung für digitale Modi. Stellen Sie Ihr Radio auf eine lokale EchoLink-Knotenfrequenz ein, die Sie im EchoLink-Verzeichnis finden. Verwenden Sie die Software, um eine Verbindung zum Knoten herzustellen, und sobald die Verbindung hergestellt ist, können Sie über Ihr Baofeng-Radio mit anderen EchoLink-Benutzern weltweit kommunizieren.

In ähnlicher Weise ermöglicht IRLP (Internet Radio Linking Project) die Verbindung von Radiogeräten untereinander über das Internet. Im Gegensatz zu EchoLink, das eine Computerschnittstelle verwendet, sind IRLP-Knoten dedizierte Hardwaregeräte, die mit dem Internet und einem Radio verbunden sind. Um IRLP zu verwenden, stellen Sie Ihr Baofeng-Radio auf eine IRLP-Knotenfrequenz ein und befolgen Sie die Anweisungen für den Zugriff auf den Knoten. Dazu gehört normalerweise die Eingabe eines bestimmten DTMF-Codes (Dual-Tone Multi-Frequency) in Ihrem Radio.

Digitale Modi und Paketfunk eröffnen Baofeng-Funknutzern eine Welt voller Möglichkeiten. Diese fortschrittlichen Techniken ermöglichen eine effiziente Datenübertragung, zuverlässige Kommunikation unter schwierigen

Bedingungen und Konnektivität mit einer globalen Gemeinschaft von Funkern. Durch das Verständnis und die Nutzung dieser Technologien können Sie Ihre Funkkommunikationsfähigkeiten erheblich verbessern, sei es für Hobbyzwecke oder zur Notfallvorsorge. Regelmäßiges Üben und Experimentieren mit digitalen Modi und Paketfunk wird Ihnen helfen, sich mit diesen fortgeschrittenen Techniken vertraut zu machen und Ihr Baofeng-Radio zu einem noch leistungsfähigeren Werkzeug zu machen.

ABSCHLUSS

Die Beherrschung der Verwendung Ihres Baofeng-Radios ist keine einmalige Leistung, sondern ein fortlaufender Prozess, der regelmäßige Übung und Engagement erfordert. Kontinuierliches Üben ist unerlässlich, um sicherzustellen, dass Sie immer bereit sind, Ihr Funkgerät in jeder Situation effektiv zu nutzen, sei es für die tägliche Kommunikation, für Notfallszenarien oder zur Verbesserung Ihrer Überlebensfähigkeiten. Durch die regelmäßige Nutzung Ihres Baofeng-Radios machen Sie sich mit seinen Merkmalen und Funktionen vertraut und machen es zur Selbstverständlichkeit, wenn Sie es am meisten brauchen.

Eine der besten Möglichkeiten, Ihre Fähigkeiten auf dem neuesten Stand zu halten, besteht darin, Ihr Radio in Ihren Alltag zu integrieren. Nutzen Sie es, um mit Freunden oder lokalen Radio-Enthusiasten zu kommunizieren. Dadurch bleiben Sie nicht nur mit den grundlegenden Vorgängen vertraut, sondern können auch erweiterte Funktionen erkunden und auftretende Probleme beheben. Die Teilnahme an lokalen Amateurfunkclubs oder Online-Communities kann zusätzliche Übungsmöglichkeiten und wertvolles Feedback von erfahreneren Betreibern bieten.

Neben der täglichen Anwendung sind auch geplante Übungseinheiten von Vorteil. Nehmen Sie sich jede Woche Zeit, um die verschiedenen Funktionen Ihres Funkgeräts zu überprüfen, z. B. Frequenzen zu programmieren, Einstellungen anzupassen und Reichweitentests durchzuführen. Üben Sie die Verwendung verschiedener Modi und Funktionen wie VOX, Dual Watch und Digitalmodi, um sicherzustellen, dass Sie sie reibungslos bedienen können. Durch regelmäßiges Üben können Sie Ihr Wissen vertiefen und Bereiche aufdecken, in denen Sie möglicherweise weitere Verbesserungen benötigen.

Vorsorge ist ein Eckpfeiler effektiver Kommunikation, insbesondere in Notsituationen. Es ist wichtig, Ihre Notfallkommunikationspläne regelmäßig zu testen. Simulieren Sie verschiedene Szenarien wie Stromausfälle oder Naturkatastrophen, um Ihre Reaktion zu üben und etwaige Schwachstellen in Ihrem Plan zu identifizieren. Stellen Sie sicher, dass auch Ihre Familie oder Teammitglieder mit diesen Plänen vertraut sind und die Funkgeräte bei Bedarf bedienen können. Diese kollektive Bereitschaft stellt sicher, dass jeder weiß, was im Ernstfall zu tun und zu kommunizieren ist.

Die Wartung Ihrer Ausrüstung ist ein weiterer wichtiger Aspekt der Vorbereitung. Überprüfen Sie Ihr Radio und Zubehör regelmäßig auf Anzeichen von Abnutzung oder Beschädigung. Führen Sie routinemäßige Wartungsaufgaben durch, z. B. die Reinigung Ihres Radios, die Überprüfung des Batteriezustands und die Inspektion der Antennen. Wenn Sie Ihre Ausrüstung in einem guten

Betriebszustand halten, stellen Sie sicher, dass sie auch dann ordnungsgemäß funktioniert, wenn Sie sie am meisten benötigen. Ersetzen Sie alle fehlerhaften Komponenten sofort, um unerwartete Ausfälle zu vermeiden.

Suchen Sie nach neuen Lernmöglichkeiten, während Sie Ihre Funkkenntnisse weiterentwickeln. Nehmen Sie an Workshops, Webinaren oder Schulungen teil, die von Amateurfunkorganisationen angeboten werden. Diese Veranstaltungen behandeln häufig fortgeschrittene Themen und bieten praktische Erfahrungen mit verschiedenen Geräten und Techniken. Auch das Lesen von Büchern, Artikeln und Online-Ressourcen zum Thema Amateurfunk kann Ihr Wissen erweitern und Sie in neue Praktiken einführen.

Von anderen zu lernen ist von unschätzbarem Wert. Tauschen Sie sich mit erfahreneren Funkern aus, die Tipps geben, ihre Erfahrungen teilen und Anleitung geben können. Mentoring und Zusammenarbeit innerhalb der Radio-Community können Ihr Lernen beschleunigen und Sie mit fortgeschrittenen Praktiken und Techniken vertraut machen, die Sie möglicherweise nicht alleine entdecken.

Bleiben Sie über Änderungen der Vorschriften und Best Practices auf dem Laufenden. Die Welt der Funkkommunikation ist dynamisch und es finden regelmäßig technologische Fortschritte und Aktualisierungen der Vorschriften statt. Wenn Sie auf dem neuesten Stand bleiben, stellen Sie sicher, dass Sie innerhalb der rechtlichen Grenzen agieren und die neuesten Tools und Methoden für eine effektive Kommunikation nutzen.

Während Sie Ihre Fähigkeiten und Kenntnisse verfeinern, teilen Sie das Gelernte mit anderen. Die Ausbildung und Betreuung neuer Funker stärkt Ihr Verständnis und trägt zum Aufbau einer stärkeren, besser vorbereiteten Gemeinschaft bei. Ob durch formelle Anweisungen oder lockere Gespräche, Ihre

Beiträge können andere inspirieren und über die Bedeutung effektiver Kommunikation und Vorbereitung aufklären.

Begeben Sie sich auf die Reise des kontinuierlichen Lernens und der Verbesserung. Das Engagement für regelmäßiges Üben und fortlaufende Weiterbildung ist entscheidend, um ein kompetenter Baofeng-Funker zu werden. Jede Übungseinheit, Übung oder Lernerfahrung bringt Sie der Beherrschung der Kunst der Funkkommunikation einen Schritt näher. Feiern Sie Ihre Fortschritte, bleiben Sie neugierig und zögern Sie nicht, neue Aspekte dieses faszinierenden Bereichs zu erkunden.

Die Bedeutung kontinuierlicher Übung und Vorbereitung kann nicht genug betont werden. Durch die regelmäßige Nutzung und Wartung Ihres Baofeng-Radios, gepaart mit kontinuierlichem Lernen und Engagement in der Gemeinschaft, sind Sie stets bereit, in jeder Situation effektiv zu kommunizieren. Bleiben Sie Ihrer Vorbereitungsreise treu und seien Sie stolz auf die Fähigkeiten, die Sie entwickeln, und auf das Wissen, das Sie erwerben. Auf diese Weise verbessern Sie nicht nur Ihre eigenen Fähigkeiten, sondern tragen auch zur Sicherheit und Vorbereitung Ihrer Mitmenschen bei.